QIHOU BIANHUA QINGJING XIA
NEILAO ZAIHAI FENGXIAN WENJIAN JUECE YANJIU
YI SHANGHAI SHI WEILI

气候变化情景下内涝灾害风险稳健决策研究

——以上海市为例

胡恒智　温家洪　著

苏州大学出版社
Soochow University Press

图书在版编目(CIP)数据

气候变化情景下内涝灾害风险稳健决策研究：以上上海市为例 / 胡恒智，温家洪著. --苏州：苏州大学出版社，2024.6
ISBN 978-7-5672-4765-9

Ⅰ.①气… Ⅱ.①胡…②温… Ⅲ.①暴雨—灾害防治—应急对策—研究—上海 Ⅳ.①P426.62

中国国家版本馆 CIP 数据核字(2024)第 068640 号

书　　名：气候变化情景下内涝灾害风险稳健决策研究——以上海市为例

著　　者：胡恒智　温家洪
责任编辑：王晓磊
助理编辑：刘婷婷
装帧设计：吴　钰

出版发行：苏州大学出版社(Soochow University Press)
社　　址：苏州市十梓街 1 号　邮编：215006
印　　装：广东虎彩云印刷有限公司
网　　址：www. sudapress. com
邮　　箱：sdcbs@ suda. edu. cn
邮购热线：0512-67480030
销售热线：0512-67481020

开　　本：700 mm×1 000 mm　1/16　印张：9.25　字数：147 千
版　　次：2024 年 6 月第 1 版
印　　次：2024 年 6 月第 1 次印刷
书　　号：ISBN 978-7-5672-4765-9
定　　价：38.00 元

目 录

Contents

第一章 绪 论

第一节 内涝灾害风险评估的研究背景和意义

一、研究背景

（一）极端天气与不确定性

联合国政府间气候变化专门委员会（Intergovernmental Panel on Climate Change，IPCC）第六次评估综合报告指出：全球尤其是沿海特大城市正面临海平面上升带来的风险，极端气候事件将引发城市基础设施（如供电、供水、交通和应急服务）的系统性崩溃。沿海内涝风险是伴随气候变化而来的一个全球性问题，气候变化正导致全球海平面不断上升，灾难性风暴日益频繁，风暴潮破坏力越发加剧（例如2012年席卷美国东海岸的超级飓风“桑迪”）。

在模拟洪水演进评估未来气候变化影响下的内涝风险时，科研人员和决策者面临着深度不确定的外部因素影响，除了气候变化外，还包括经济发展、人口增加、新技术发展以及适应措施规划改变等因素。同时，全球和区域气候模式预估结果以及未来可能的碳排放情景也给气候变化的预测和适应对策研究带来了很大的不确定性，这导致了基于此预测结果的气候变化适应措施和决策规划存在一定程度上的盲目性。此外，全面治理内涝风险需要充分评估未来气候变化的不确定性，而目前主流的方法是基于“先预测后行动”的风险评估方法，无法解决深度不确定情景下的风险评估及决策量化问题。因此，在短期内气候模式精度无法有效提高的情况下，如何减少气候预估的不确定性、制定有效可行的适应对策已经成为科学家共同面临的难题。

（二）城市极端降雨

尽管全球近百年的平均降雨记录展现出周期性震荡，但随着全球变暖趋势不断进展，水汽循环也不断增强，空间降雨格局发生了改变。气候变暖造成大气边界层容纳水汽的能力增强，气温的上升使得空气中能够容纳更多的水汽，温度每升高 1 ℃，空气中将能多容纳 7% 的水汽，从而影响空中水汽含量的变化。气候变暖不仅会影响降雨量，还会改变这些地区的水文循环速率，也引发极端降雨强度显著增加。

大量观测数据表明，中高纬度地区和热带地区一般呈现出降雨增加的趋势。事实上，越来越多的研究表明城市未来极端降雨会显著增加，如果气候持续变暖，气温每增加 1 ℃，未来的平均降雨量预计将增加 1% ~2% ，极端降雨量甚至可能增加至 14% 。极端降雨事件的增加致使内涝灾害频发，同时不断加剧的城市化效应使得城市内涝的危险性变得更高。

快速城市化背景下城市内涝灾害出现了水文特征变异性、内涝灾害连锁性以及洪灾损失突变性的新特点。城市化进程改变了流域下垫面条件和水资源在时空尺度上的分配过程，对流域的土壤湿度、蒸散发和产汇流过程造成了显著影响。城市路面硬化以及土地利用/覆被的变化，引发了降雨在城市的分布差异，即城市中心地区的降雨量与周围郊区的降雨量形成显著空间差异，形成了“城市雨岛”现象。许多学者研究了城市雨岛效应对降雨的影响。如日本和印度研究所示，城市化程度的提高和土地利用类型的变化对城市降雨有明显的贡献度，短历时极端降雨事件比长历时极端降雨事件对变暖的气候更为敏感。未来气候变暖和快速城市化进程影响降雨时空格局的共同趋势将在未来 50 ~100 年内继续发挥重要作用。

（三）城市内涝风险

灾害系统是一个复杂、非线性且具有不确定性的大系统，随着时间演化而不断变化。气候变暖导致的海平面上升已经并将继续显著增大海岸洪水的发生概率和强度，与此同时，人口和资产向沿海低地迁移和集聚，共同放大了海岸洪水的风险。气候变率（变化）相关的致灾因子及其变化趋势，与人类社会系统的暴露和脆弱性相互作用，导致了沿海城市内涝风险的时空格局及其变化。

基于极端灾害情景的内涝风险评估研究有助于理解极端内涝灾害的影响和损失，但目前有关未来城市极端内涝灾害影响对策分析的研究较少涉及。大量研究聚焦未来上海地区极端内涝情景模拟及内涝灾害影响评估，以海平面上升、暴雨重现期及水位过程的重现期进行组合情景假设。Wang等人（2018）利用Mike模型考虑了海平面上升、台风影响及地面沉降等因素，模拟了上海未来极端洪涝情景。王璐阳等（2018）构建了大气—海洋—陆地相耦合的一体化数值模拟系统，实现了上海市风、暴、潮、洪多灾种的极端洪涝淹没模拟，并认为沿海沿江堤防设施建设在上海市防台防汛中起着关键性的作用。为了有效评估未来极端内涝灾害对上海市的影响，贺芳芳等（2020）选取了2012年8月“海葵”台风影响期间台风、暴雨、天文大潮“三碰头”和2013年10月“菲特”台风影响期间台风、暴雨、上游来水及天文大潮“四碰头”事件作为个例，基于气候变化平均增量的扰动试验方法（pseudo global warming，PGW）再现了未来“海葵”和“菲特”台风事件，预估未来情景下复合洪涝灾害淹没影响，为上海市防御洪涝灾害提供了新的解决思路和参考。这些研究的结果表明，极端风暴潮、海平面上升和上游洪水的叠加事件不仅会对沿海大都市河口海岸区域造成严重影响，也极有可能会引发河道水位高涨，进一步加剧城市内涝。

二、研究意义

快速城市化导致大城市产业和经济规模不断扩大，叠加未来人口和资产的不断聚集，给沿海城市的内涝风险管理工作带来了前所未有的挑战。

据世界银行专家估算，2005 年全球 136 个特大沿海城市年平均洪灾损失约为 60 亿美元，预计到 2050 年这一数值将增长至 520 亿美元。由于气候变化、地面沉降等因素的影响，各国政府需要每年投入巨额资金用于防洪设施的升级与维护，以避免每年 1 万亿美元的灾难性损失。瑞士再保险公司评估了全球 616 个大都市的巨灾风险，指出许多都市区面临着风暴潮、海啸和洪水等巨灾风险。鉴于内涝灾害是造成全球经济损失最为严重的自然灾害之一，未来沿海特大城市面对严峻的城市内涝风险时需要考虑气候变化深度不确定情景，探索可靠的防洪除涝解决方案。

有大量文献评估未来极端降雨情景下城市的内涝风险。但是正如 Lowe 等人（2017）指出，受限于高分辨率精细化模拟的计算成本，传统基于情景的风险评估方法很难应用于大量的模拟，通常只对少数几个重现期场景进行模拟而无法考虑全部情景，也忽略了气候、环境以及政策等未来不确定因素。往往这些不确定因素的变化会导致极大的预测偏差（如海平面上升的情景预测、人口增长预测等），使决策部门对于未来风险过分自信或过分悲观，从而引发错误决策，导致风险显著增加或严重的资源浪费。

国际上出现了一种面对深度不确定性的稳健决策理论方法（decision making under deep uncertainty，DMDU），旨在弥补传统风险分析的缺陷，其特点是利用计算机强大的计算模拟能力和稳健决策控制论来解决气候变化面临的不确定性问题。它回答了一系列决策者关心的问题，如“既定的规划方案是否持续有效”“何种情景下措施不再满足风险控制标准”“不同措施的性能如何，投入产出比如何”等。DMDU 已在水资源管理、内涝灾害和公共安全等领域取得了长足的进展。美国纽约、荷兰莱茵三角洲、英国泰晤士河都开展了适应气候变化的战略规划。这些城市以长期动态策略的眼光规划未来，通过结合短期行动和建立未来行动的框架，并针对未来海平面上升、暴雨内涝等情景进行了大量模拟和风险评估，还制定了行之有效的适应战略方案。

大部分 DMDU 理论的实践案例聚焦城市海岸带内涝风险，很少有研究考虑了未来城市极端降雨事件引发的城市内涝风险和经济损失。因此，基于稳健决策思路构建气候变化对极端降雨不确定性情景，模拟未来极端暴雨内涝对城市安全的影响，判断内涝灾害主要驱动因子及适应对策的研究，制定稳健决策方案和适应路径，对特大城市气候变化背景下的防洪除涝及风险管理具有重要意义。

长江三角洲（简称“长三角”）是中国最大的城市群，也是易受气候变化影响的地区之一。作为长三角的中心城市，随着长三角一体化、大虹桥等国家规划的不断推进与落地，可以预见未来上海市人口和工业、服务业等产业密度将会继续保持稳定增长。上海地处副热带季风区，近年来，台风、暴雨、强对流天气及风暴潮等极端事件对城市的防灾减损带来了巨大的挑战。在全球变暖的气候背景下未来的降雨变化趋势十分复杂，预计未来极端台风风暴潮频率和强度的增加、极端强对流天气事件频率的增加将加剧上海地区遭受严重海岸洪水和内涝灾害的风险，威胁沿海特大城市的安全和社会经济的发展。

本研究选取上海作为研究区是基于以下几点考虑：首先，上海未来面临的极端暴雨内涝灾害风险大。上海是我国经济水平最高的地区，是国际著名的沿海河口城市，易受台风、暴雨和天文大潮影响。近 30 年来，上海多次遭受极端内涝灾害事件打击，其中风暴潮强度和突发性均有增强，城镇排水基础设施压力增大，防洪（潮）的实际设防标准降低。2013 年“菲特”台风，首次出现了风、暴、潮、洪“四碰头”，造成松江、青浦等地河水漫溢。因此，有必要系统开展对上海市极端内涝风险的成灾机制和关键影响因素研究。其次，上海是年均内涝损失增加最快的城市之一，在未来气候变化（海平面升高）和社会发展（城市扩张、人口增加等）的影响下，预测至 2050 年，如果仅维持现有的防护设施，上海年均内涝灾害损失将由 2005 年的 4.5 亿元升高到 2050 年的 1 547 亿元。即使加大投入改进现有的防护措施，至 2050 年上海的年均内涝灾害损失也将会达到 6.4 亿元。再次，尽管目前上海气候变化适应对策的研究总体较多，但缺乏针对特大城市工程性适应措施应对极端暴雨内涝性能的定量评估和成本效益分析的研究，尤其是运用 DMDU 方法开展稳健决策的研究仍为空白，无法为政府部门制定气候变化适应战略提供量化决策支持。

因此，了解气候变化对上海极端暴雨内涝风险的影响，量化上海适应气候变化的多种工程措施的成本效益的需求十分迫切。研究成果不仅可为未来上海气候变化背景下极端暴雨内涝事件防治提供科学依据，也可推广至其他沿海城市。

综上所述，我国针对未来气候变化深度不确定性在沿海特大城市内涝领域和稳健决策领域的研究比较缺乏。因此，如何减少未来气候不确定性的影响、科学有效地评估适应对策及选择最优路径，从而减少内涝灾害损失，保障沿海特大城市财产和生命安全是亟待解决的重要问题。

第二节 内涝灾害风险评估的国内外研究进展

一、风险评估研究进展

（一）气候变化与城市内涝灾害风险

气候变化导致沿海城市洪水风险并非保持在一个稳定状态，而是随着气候变化和社会经济发展而发生显著变化。如何定量分析其当前及未来风险变化趋势是亟待解决的前沿科学问题。国内外学者从多种角度开展了极端风暴洪水风险格局和动态过程分析，并探讨了不同尺度下洪水损失与风险分析的方法。

近年来，许多学者开展了沿海特大都市内涝灾害风险研究。国家尺度的洪水风险评估类似于中尺度评估，采用人口格网和土地利用数据并结合脆弱性函数进行分析。区域尺度（中尺度）的洪灾损失估算通常基于与特定经济部门相关的土地利用类型，根据土地利用单元获得承灾体的资产价值，然后利用各部门的脆弱性函数或多参数模型来估算损失。程晓陶等人（2019）建立了太湖流域不同的社会经济发展情景，开展了流域未来洪水风险情景分析的研究。近年来，对上海市的极端风暴洪水损失与风险评估取得了显著的进展。Ke 等人（2015）综合前人的研究结果，为不同的土地利用（建筑）类型建立了损失函数，并结合土地利用情况，估算出黄浦江风暴潮各种决口情景下上海部分中心区的潜在损失。

（二）基于“先预测后行动”的风险评估与决策

理解灾害风险是《2015—2030年仙台减轻灾害风险框架》的四大优先领域之一，是综合灾害风险管理与气候变化适应的基础与前提。风险评估（risk assessment）是风险管理的基础和前提，包括风险分析（risk analysis）和风险评价（risk evaluation）。风险分析是在致灾因子、暴露和脆弱性三个基本要素的基础上对潜在损失和风险进行估算。然而，传统的风险分析关注损失和风险，较少涉及气候变化背景下的未来情景的不确定性处理，更是鲜有阐明现有措施在未来抵御极端内涝的性能及有效期限。

传统研究通常基于“先预测后行动（predict-then-act）”的思路进行风险评估和适应对策研究，即先结合现有数据对未来做出最佳预测，然后据此给出最好的行动方案。传统风险分析的方法主要包括定性、半定量和定量分析三种方法。其中，半定量评估方法通常为基于指标体系的风险评估，定量方法包括基于历史灾情数理统计风险评估和基于情景模拟的风险评估。

基于历史灾情数理统计的方法主要针对大尺度的灾情分析与脆弱性评价，通过对以往的灾害数据进行分析、提炼，利用数理统计方法（如皮尔逊分布和耿贝尔分布），揭示灾害发展演变的规律并构建风险序列图。在此基础上，结合承灾体损失数据，可以得到灾害系统中任意损失值的发生概率，以达到预测和评估未来灾害风险的目的。

指标体系方法是以指标为核心的风险评估体系，通过层次分析法建立指标层级，并依据专家打分赋予各种指标不同的权重。该方法侧重于灾害风险指标的选取、优化及权重的计算。指标的选取虽然灵活但过于主观，指标体系的方法无法反映复杂灾害系统的不确定性和动态性，因此得到的风险值也不尽准确，同样在深度不确定性时结果不太可信。最常用的是基于指标体系和基于脆弱性曲线的承灾体脆弱性建模。

情景分析方法通常假定未来可能出现多种气候、排放和社会经济情景，预测可能出现的情况或引起的后果。基于情景的灾害风险评估可以实现自然灾害动态风险评估，结合地理信息系统（geographic information system，GIS）的空间分析技术可以形成对灾害风险的表达。但情景分析方法将诸多未来情形归纳于少数情景，且在处理包含气候及社会经济不确定的深度不确定性时，其结果往往不太可信。

（三）基于稳健决策的风险评估与决策

不确定性可以简单定义为对过去、现在乃至未来的有限认知，这种不确定性在气候变化背景下具有广泛性和复杂性。首先，全球和区域气候模式预估结果以及未来碳排放给气候预测带来了很大的不确定性，这导致基于此预测结果的风险评估和决策规划在一定程度上具有盲目性。其次，随着研究的深入，人们发现在决策中不确定的不仅是气候预估，还包括极端天气气候事件对城市系统中交通、能源、社会、经济以及健康等领域的影响。此外，不确定性也包括决策制定时主观的不确定性，如 Lempert 等人（2003）认为深度不确定性指决策者不认同适应对策所产生的后果（排除模型模拟的影响）或者对未来事件发生的可能性持有异议，反映在既有知识、对策权衡以及决策制定等环节。于是，内涵更深的深度不确定性就此产生，其影响远超一般不确定性，主要体现在：① 情景不确定，未来会呈现多种可能的情景，不同情景出现的可能性大小未知，其演变趋势难以预测；② 决策后果不确定，决策后果有情景依赖性，同一决策方案在不同情景下的实施效果有很大差别，且即使在给定的情景下，决策的后果也难以准确判定；③ 决策方案不确定，事先给出的备选决策方案集中包含若干备选方案，每种方案的实施难易程度和经济效益都难以准确量化，并且在决策分析的过程中有可能不断发现更好的方案组合。

全面治理内涝风险需要充分评估未来气候变化的不确定性。在短期内气候变化预估精度无法有效提高的困难下，依赖预估结果的传统风险分析决策方法无法解决深度不确定情景下的风险评估及决策量化问题。同时，其也无法判断未来情景中采取措施的稳健性。因此，如何制定有效可行的适应对策及其路径方案成为决策者和科学家致力突破的方向。

近年来，以 DMDU 为基础的理论方法提出了解决不确定性的新思路，并针对未来海平面上升、暴雨内涝等问题进行了大量模拟和风险评估，制定了行之有效、适应气候变化的稳健策略方案。所谓稳健性是指系统在一定环境反应参数的摄动下，维持稳定运行性能的特性。在本研究中，稳健性是指在气候变化不确定性情景中，应对气候变化的适应对策始终维持系统抵御灾害的能力。稳健决策研究涉及多学科的交叉，其研究范畴涵盖了工程学、运筹学、控制论、经济学、理学等，其目的是保持系统的稳定有效，避免因外部冲击导致的过度偏离。近年来，稳健决策思想被广泛应用于解决气候变化不确定性的决策中，通常包括三个特征：① 解释政策如何随时间而演变；② 表达未来不确定性；③ 具有可对比的决策标准。

与“先预测后行动”相反，通常这类稳健决策方法都采用自下而上（Bottom-up）的决策过程，主要步骤包括：① 理清适应措施结构是否为动态可变；② 在不同的政策结构下生成不同的情景，如未来气候情景、社会经济情景以及措施情景等；③ 使用不同的指标维度评估措施的稳健性；④ 进行情景探索，分析措施可能失败的情景，或称为“脆弱性分析”；⑤ 进行权衡分析，或措施效益对比；⑥ 制订动态措施计划方案，或称为“适应对策路径”。以上步骤通常以灵活组合的方式实现，每一个步骤均非必选项，不同学者开发了一系列稳健决策方法框架并成功应用于不同的领域和实践中，为决策者提供可靠的决策支持。

值得注意的是，稳健决策方法通常会广泛吸收决策者参与其中，构建决策支持框架有利于研究人员、政策制定者和其他利益相关者之间进行知识共创（knowledge co-creation）。与构建模拟复杂模型相比，成功实施此框架更具挑战性，因为它需要研究人员、政策制定者和其他利益相关者之间进行持续且有意义的对话，以便为决策提供有用的科学依据。该框架的第二个主要优点是有助于将决策者或利益相关者的行业知识整合到整体科学综合中，从而优化模型参数或者提升措施实践的可靠性。通过不断迭代优化，形成知识共创良性循环，并使之更好地服务于科学决策的过程。

二、稳健决策方法的研究与进展

长期以来，决策者逐渐意识到气候预测不确定性的客观存在，其关注的问题逐渐由气候变化、技术发展和社会政治等驱动因素变化产生的不确定性，向含义广泛的深度不确定性转变，关注未来所有可能出现的情景、这些情景产生的后果，以及如何量化措施方案的性能表现等问题。在这个背景下，DMDU 稳健决策方法为研究人员、利益相关者和决策者提供了新的问题解决思路。

学者们提出了各种 DMDU 方法，例如 Lempert 等人（2003）提出了稳健决策法（robust decision making，RDM）。美国兰德公司在 2007 年使用稳健决策法协助南加州内陆帝国公用局（inland empire utilities agency，IEUA）重新制定了水资源管理规划。Kasprzyk 等人（2013）在 RDM 方法的基础上，利用遗传算法对措施生成的方式进行了扩展，开发了多目标稳健决策（many objective robust decision making，MORDM）方法。针对静态和动态两种不同的政策结构，学者们提出了动态适应性方法，如 Kwakkel 等人（2010）提出了适应性政策制定（adaptive policy making，APM）；Haasnoot 等人（2012）提出了相似的理念，称为适应路径（adaptation pathway，AP）；Haasnoot 等人（2013）随后将其合并为动态适应对策路径（dynamic adaptation policy pathway，DAPP）。借助适应路径思路，英国泰晤士河规划使用了决策树（decision tree）方法来应对气候变化影响下海平面上升的风暴潮问题；荷兰使用适应路径进行工程性措施的评估，并选择经济效益最大化的对策路径方案。

如前文所述，目前有多种技术方法和工具可供决策者使用，这些方法之间存在大量的相似性和重叠性。对于诸如这些方法如何相似或不同，方法之间存在着怎样的结构性关联，以及如何在特定的研究案例中将它们有意义地结合在一起，都需要明确的思路框架。

三、DMDU 的思路框架

不同学者对不确定性有着不同的理解。有学者认为复杂系统的决策通常涉及各种利益相关者，他们对系统的定义和问题的关注点存在差异，复杂的系统通常会发生动态变化，并且无法被完全理解。深度不确定性意味着决策的各方在系统的运行方式、全局空间以及相关的各种结果的重要性方面都无法达成共识。在深度不确定的情况下，我们可以列举出系统可能的表现形式、未来可能发生的情景以及情景产生的相关结果，无须按照可能性或重要性对其进行排序。简而言之，不确定性在复杂系统上进行决策时不可避免，这种不确定性是由可预测性的固有限制引起的，可预测性的内在限制引起了系统的不可知性，这对决策制定具有重要影响。

研究普遍认为，关于复杂系统的任何决策，都应在面对各种不确定性因素时保持稳健性。如果措施的预期性能受各种不确定性因素的影响很小，则该决策是可靠的。稳健性度量（robustness metric）通常存在两种思路：第一种思路为评估各独立措施方案在不确定性情景中的表现情况（或称为性能，performance），比较典型的例子包括最小极大值和域准则；第二种思路为评估适应措施相较于参考点或基线的表现情况，即后悔度（regret），这类指标最著名的例子是 Savage 提出的极小极大后悔度（minimax regret），它以给定未来的最佳选择作为评估其他所有选择的参考点。

针对诸多的 DMDU 研究方法，不同学者尝试对这些方法进行对比研究，并试图对稳健决策思路进行整体归纳和总结。本研究在众多学者研究基础上，从政策结构、情景生成、对策生成、稳健性度量以及脆弱性分析五个维度探究稳健决策方法的框架（图 1-1）。

图 1-1 DMDU 的思路框架

（一）政策结构

政策结构（policy architecture）定义了适应措施的整体结构。在深度不确定的情况下，静态计划可能会失败，或者由于防止失败而付出过高的代价，这一观点越来越被广泛接受。近年来，学者们开发了一种结构化的、逐步的动态适应方法，这种方法在大量 DMDU 文献中都可以找到。该类型研究思路主张适应措施的结构应该是适应性的，决策者应该优先采取低后悔度、高紧迫性的行动，并将其他行动推迟到以后。

保护适应性的措施结构通常存在一系列自适应策略体系结构，包括已经实施的基本计划或即将实施的规划方案，未来必要时可与一系列适应性措施相辅相成。总体措施、政策结构表现为在基线措施的基础上采取一系列预防措施行动，并随着时间的推移不断改进、发展（图 1-2）。RDM 采用类似的思路，APM 中可以找到类似的概念。

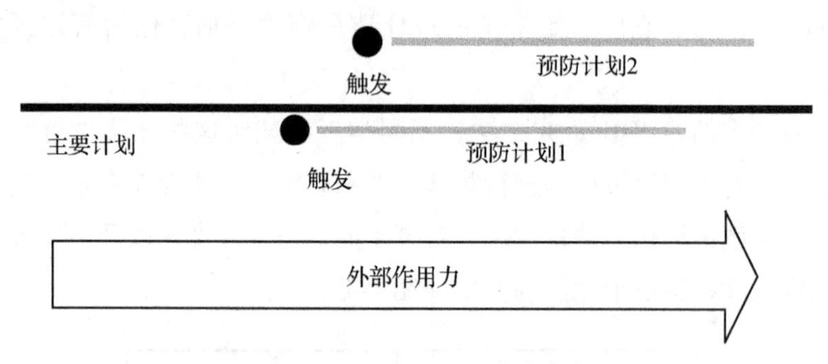

图 1-2　适应性计划示意图

另一种政策结构类型设计为可以随时间调整的灵活计划，即动态适应性计划。为了实现适应性计划的动态调整，研究人员建议决策部门在监测目标达到特定阈值（临界点）时采取响应措施，以干预原路径方案不断失效的趋势，或者切换到另外一条有效路径上来。例如，在抵御海岸洪水项目中对海平面变化的监测，当海平面上升出现明确信号时（如上升速率达到阈值），提前采取诸如提升堤坝高度、海岸带保护等措施以增强对风暴潮及海岸洪水的抵御能力。这种政策往往是可以灵活调整的，并且随着未来的发展而不断进行调整和适应，Haasnoot 等人（2013）进一步扩展了自适应策略的思想，将计划概念化为随时间推移需要执行的一系列行动方案，演化成动态适应对策路径（图 1-3）。

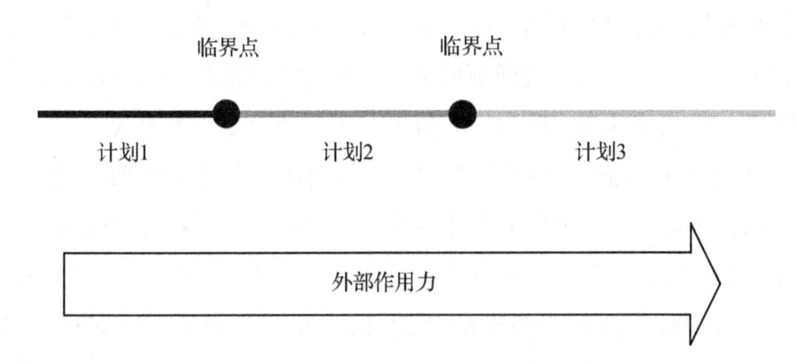

图 1-3 动态适应性计划示意图

（二）情景生成

情景（states of the world，SOW；或称 plausible futures、scenarios）通常用以评估各措施方案在全局（所有情景）中的性能表现，是 DMDU 稳健决策方法的重要组成部分，也是各种方法思路之间存在较大分歧的环节。在 RDM 中通常将情景与对策分开讨论，而有研究将情景和措施合并处理。不同研究方法的共同点是情景生成时均会考虑不确定性的影响，但不同研究方法和研究领域对不确定性的处理方式是不同的。主要体现在以下几方面：

1. 不确定性维度。考虑到各种不确定性，包括气候因素的不确定性，如 RCP 排放情景、未来气候因子（极端雨量、风速、气温、蒸发等）；社会经济因素的不确定性，如城市化率、人口经济增长、土地利用变化等因子；模型模拟的不确定性，如气候模式、水文模型；政策法规因素的不确定性，如政策规划调整、政策时间调整、能源标准调整、环保标准调整以及国际政治环境变化等多种因素。此外，根据不确定因子的概率分布是否可知，还可以分为明确特征的（well-characterized）和深度不确定的（deep uncertainties），大部分研究中通常被认为是深度不确定的。

2. 应用领域。在不同应用领域，决策者可能存在先验知识，能辨识关键的影响不确定性因子，可以预先定义全局不确定性因子；但一些领域不确定性因子的重要性不那么明显，需要通过搜索的方法进行判定。能源领域特别关注未来气候排放情景和政策法规，通常会考虑这两类不确定性因素构建未来情景。水资源管理领域与能源领域类似，不同点在于气候因素中会纳入气候模式的不确定性，政策法规中会分别考虑流域上下游有区别的管理政策。内涝风险管理领域更为关注气候因素和社会经济因素，如极端降雨、极端风暴潮、脆弱性人群以及土地利用变化等因素。

3. 情景生成方式。RDM 和 MORDM 使用诸如蒙特卡洛抽样或拉丁超立方体抽样等精心设计的实验来生成情景，保证各种潜在极端情景的全覆盖；还会考虑通过迭代不断发现高相关度因子，从而改进情景。适应性对策方法，如 DAPP 和基于假设的计划（assumption-based planning，ABP）没有明确考虑情景生成方式，但非常强调对过度情景的需求。适应性政策制定没有明确考虑情景生成方式，关注可能失败的假设，而不是可能失败的情景。在决策缩放（decision scaling，DS）研究中，许多学者预先定义情景为气候因子，受气候信息约束的抽样。信息差距理论（info-gap decision theory，IGDT）会预先定义因子，也可以从参考情景中向外采样。

整体而言，情景的预先定义通常适用于具有先验知识的领域。然而越来越多的学者通过抽样方法发现除预先定义的气候因子之外，其他社会经济因子也有同样的重要性，如未来用水需求、土地利用变化等，抽样的方法更适用于深度不确定性的情景生成。

（三）对策生成

措施对策（lever 或称为 alternatives、solutions）为系统达成既定功能或目标需要采取的行动方案，通过模拟各措施对系统性能的提升衡量其有效性。广义而言，有三种对策生成的方法：探索（explore）、搜索（search）和预先定义（prespecified）。

探索方法通过系统地对不确定性空间和适应措施空间采样，并评估各措施情景的表现情况，从而判定各适应措施的性能。探索可以用来回答以下问题，例如“该措施在什么情况下表现较好？”“在什么情况下它可能会失败？”“该措施组合是否具备动态转换能力？”“不同措施之间的性能差异有多大？”。探索提供了对不确定性空间和适应措施空间的全局属性洞察。

相比之下，搜索策略会有针对性地搜索全局中具有特定属性的情景，搜索可以用来回答诸如“最糟糕的情景是什么？”“可能发生的最好的情景是什么?”“在某特定情景或多情景中，何种措施具有最优性能?”等问题。搜索方法适合于没有特定不确定性因子或适应措施的案例研究。搜索依赖于优化算法，例如遗传算法（genetic algorithms）和共轭梯度法(conjugate gradient)，通过不断搜索生成基于优化算法的备选策略组合。

第三种思路是使用预先定义的方案或适应措施。研究人员可以使用地方政策法规或者规划文件作为预先定义措施，无须系统地分析适应措施空间。例如，原假设指定一组备选策略，然后在各种情景下测试备选策略的性能，在这种思路下措施是预定义的，探索方法用于分析不确定性因子之间的相关性。

实践研究中，学者们对不确定性和适应措施的处理可以使用组合方式生成，也可以采用迭代方式进行优化生成。例如，如果探索方法发现了引发措施组合失效的子空间，可以使用搜索算法来优化识别子空间的精确边界。许多研究使用探索方法确定策略失败的条件，根据失效情景修改或优化策略。也可通过系统不断模拟迭代进行措施优化，设计出在未来各种可能条件下均符合既定目标的优势策略，基于 RDM 的案例强调适应措施的迭代改进。

（四）稳健性度量

处理深度不确定性的决策过程时，对系统表现情况（性能）的理解常以稳健性度量表征，以便在不同情景中衡量多种状态下的系统性能，不同的稳健性度量反映了不同的风险规避水平。针对稳健性度量的研究目前仍然存在分歧，学者们考虑了各种各样的稳健性指标，然而较少讨论使用每个指标的含义，以及对比各指标之间的异同。关于稳健适应措施的稳健性程度仍然是学者们重点关注的问题，特别是在水资源规划领域被广泛提及，而稳健性度量的选择对于哪种决策方案更可靠易产生分歧，也会对决策结果产生重大影响。广义上，稳健性度量指标可以概括为后悔度和满意度。

后悔度指标是可比较的，其起源于 Savage 在 1954 年的研究。后悔度表征非正确选择的损耗，可以量化为单一措施与基线性能（期望）的偏离或与最佳性能的差异，要尽量减少决策后的遗憾。第一种政策选择是使用给定状态的某种类型的基准性能，使各种状态之间最大后悔度最小化。第二种是将政策选择的后悔度定义为在任意情景下措施的执行与该状态下最好措施的执行之间的性能差异。

满意度指标用于表征符合决策要求的结果。Starr 在 1962 年的研究中提出了域准则（domain criterion），该方法作为满意度指标量化措施的不确定因子空间容量，以确保在该空间内适应措施可以满足决策者要求。类似地，Lempert 和 Collins（2010）的研究得出满意度度量标准，他们指出决策者通常会寻找满足一个或多个要求的决策措施，但可能无法达到最佳的结果。满意度指标旨在使达到最低性能阈值的备选措施在集合情景中的数量最大化，可以简化为查看集合中的部分情景，而不是整个空间的大小。

Herman 等人（2015）开展了两个基于后悔度指标和满意度指标的案例对比研究，结果显示稳健性度量指标的选择对于措施方案的选择将产生重大影响。McPhail 等人（2017）引入统一的框架计算各种稳健性指标，介绍了稳健性度量标准的分类法，并讨论了如何量化评估各指标的稳健性能，即采用不同的稳健性度量标准时，措施方案的排名是否稳定，为决策者提供稳健性指标的参考指南。

综上所述，研究方案中需要明确稳健性度量是关注独立措施的性能还是比较不同措施的性能，从而得出每个措施在全局范围内的性能分布。此外，需要明确如何描述性能分布，可以通过指定性能阈值或使用描述性统计数据来表征分布（表 1-1）。

表 1-1 适应措施的稳健性（性能）度量

度量标准	措施对比 （comparing options）	独立措施性能 （performance of individual options）
阈值	满意度，后悔度	域准则，信息差距理论
描述统计	极小极大后悔度，90 分位基准后悔度	高阶矩（均值、方差）、分布函数、信噪比、变异系数等

许多经典的决策分析稳健性指标都专注于单个措施的性能评估，并尝试使用描述性统计量来描述策略选项在各种情景状态中的性能。如 Maximin 和 Minimax 专注于这组场景中的最佳性能和最差性能，而折中准则（hurwicz 准则）介于乐观与悲观之间，兼具两者的功能。同样，Laplace 拉普拉斯等可能准则（laplace's principle of insufficient reason），其主要思想为没理由认为某状态的发生概率与其他状态不同，因此所有状态的发生概率均应相同，将各种情景状态中的权重同等分配给单一情景，建议选择平均性能表现最佳的措施作为最佳决策。近年来，也有学者使用高阶矩，同时考虑平均值和方差的信噪比，但均值和方差的组合并不总是单调递增的。此外，关注方差或标准差意味着对均值的好和坏偏差均一视同仁，因此有学者使用偏斜和峰度的更高阶矩描述随机变量分布的峰态。

（五）脆弱性分析

传统风险分析思路的脆弱性分析是灾害风险评估的组成部分，表征灾害事件引发承灾体受损的程度。区别于传统风险思路，DMDU 框架中的脆弱性分析（称为 sensitivity analysis 或 vulnerability analysis）通常与探索结合使用，以评估措施的失效场景。在探索阶段，生成各种措施情景集合，然后在这些情景中评估各种措施的性能。在此过程中，脆弱性分析用于发现各种不确定性对这些策略在情景集合中成功和失败的影响。学者们对脆弱性分析应用场景还没有清晰的界定，通常来说，脆弱性分析不仅仅局限于了解不确定性的作用，也适用于了解适应措施的作用。

概括地说，DMDU 方法普遍使用两种不同类型下的脆弱性分析。一方面，可以使用全局脆弱性分析来确定各种不确定性或适应措施对目标结果的相对重要性，如 Herman 等人（2015）指出，这是在深度不确定性文献中未被充分考虑的技术。全局脆弱性分析技术可以在深入的不确定性研究背景下发挥各种功能。它们可用于确定不确定因素优先级排序，即确定各种不确定性或适应措施对感兴趣结果的相对影响，通过将后续分析的重点放在不确定性的主要来源上或者搜索最具影响力的适应措施，缩小情景搜索范围。脆弱性分析的结果还可以增进对不确定性的理解，从而有助于针对性地设计适应措施。例如，可以设计根据这些不确定性随时间解决的条件变化进行调整的措施，或者设计策略降低这些不确定因素的敏感性。Herman 等人（2014）举例说明了全局脆弱性分析在深度不确定性下支持决策的有效性。

另一方面，可以尝试在不确定性或适应措施的全局空间中找到导致特定类型的模型结果的子空间。一种完善的方法是情景探索（scenario discovery），即在不确定性空间中尝试找到备选策略将会失败的子空间。RDM 在此方面有着广泛的应用，其思路强调对措施情景进行探索。通常会借助病人归纳法则（patient rule induction method，PRIM）进行子空间情景探索，以交互式的轨迹和子空间权衡目标情景的覆盖度和密度，辨识出各措施组合的失败情景，从而协助决策者规避失败风险。

此外，临界点分析（tipping point，TP）是动态适应策略（dynamic adaptive planning，DAP）的核心概念，关注临界点条件下现有路径方案无法实现既定目标，需要采取进一步行动转换至其他备选路径。决策缩放（decision scaling，DS）也采用了类似的思路。在这三种方法中，研究人员会根据候选策略的成功或失败尝试将不确定性空间划分为不同的区域。

对于脆弱性的分析不必局限于是不确定性因子还是适应措施的探索，也不必局限于是全局脆弱性分析还是措施的子空间中寻找适应措施失败情景。尽管不同学者对脆弱性分析的处理方式相异，但发现和探索脆弱情景是这些方法的共同思路。

四、各种 DMDU 的对比分析

上文总结了在深度不确定性情景下稳健决策方法的过程思路，表 1-2 总结了各种 DMDU 思路框架的技术分类。

表 1-2 各种 DMDU 思路框架的技术分类

方法	政策结构	情景生成	对策生成	稳健性度量	脆弱性分析
稳健决策法	没有明确考虑，但经常与保护适应性结合	多因子抽样；深度不确定性全局抽样	通常预先指定，并反复完善	方案发现阶段使用满意度标准（域准则），权衡分析阶段依靠后悔度	情景探索；PRIM
多目标稳健决策	没有明确考虑	多目标搜索	多目标决策算法生成对策	方案发现阶段使用满意度标准（域准则），权衡分析阶段依靠后悔度	情景探索；PRIM
多目标稳健优化	没有明确考虑	预先定义或抽样	多目标搜索	与所有满意度指标兼容，参考情景后悔度	未考虑
适应性政策制定	保护适应性	没有明确考虑	没有明确考虑	通常侧重于满意度度量	没有明确考虑
动态适应对策路径	转换适应性	没有明确考虑，但是非常强调对过度情景的需求	通常为预先定义	通常侧重于满意度度量	适应临界点
基于假设的计划	保护适应性	关注可能失败的假设，而不是可能失败的情景	预先定义	通常侧重于满意度度量	定性判断
信息差距理论	未考虑	预先定义，从参考情景中向外采样	预先定义	满意度（稳定半径）	未考虑
决策缩放	未考虑	预先定义，或受气候信息约束的抽样	预先定义，全局抽样	满意度（域准则）	气候响应函数，方差分析排名
工程措施分析	未考虑	蒙特卡洛	预先定义	风险值	风险值
实物期权分析	转换适应性	预先定义的气候情景	预先定义	不同投资时机期权价值	未考虑

RDM 没有明确提出政策体系，但在大多数应用中都采用了保护适应性形式，该形式同基于假设的计划和适应性政策制定的思路类似，使用抽样的方法如拉丁超立方体抽样生成未来情景。策略通常是预先指定的，并支持措施迭代完善不断优化。RDM 在脆弱性分析阶段使用域准则，即 PRIM 探索措施失效情景，基于后悔度为决策者提供备选措施方案的权衡分析。多目标稳健决策采用 RDM 的决策思路结构，但用多目标搜索来生成措施方案而不是依靠预先指定的方式，这种方法的优点在于由此产生的决策方案通常在初始阶段就具备良好的性能表现。

基于假设的计划、适应性政策制定以及动态适应对策路径三种方法强调策略体系结构，是自适应策略体系结构代表理论。基于假设的计划和适应性政策制定着重于利用适应性来保护基本计划免于失败，前者主要依赖于定性判断，后者较少涉及如何使用模型来设计自适应策略。大多数动态适应对策路径的应用中假定决策部门已采取了预先定义的措施。对于脆弱性分析，动态适应对策路径使用的临界点分析方法可以将其视为情景探索（senario discovery，SD）的一维版本。

动态适应对策路径和决策缩放都使用脆弱性分析工具设计适应性计划。两种方法重点都在于寻找导致全局中失败的子空间。动态适应对策路径和决策缩放子空间通常考虑气候变化情景作为子空间的不确定因子维度，而其他方法通常没有明确的不确定性因素的限定。

由于需要参考场景，信息差距理论未考虑脆弱性情景，而是需要计算目标场景距离参考场景的“稳定半径”。信息差距理论不考虑子空间的失败场景，而是考虑策略措施允许偏离参考值的距离。因此，对于场景的分析和基于“稳定半径”距离的度量是信息差距理论重点分析的问题。

工程措施分析（engineer option analysis，EOA）与其他理论有较大的区别，它可以灵活地评估适应措施的经济价值，因此可作为 RDM 研究的一部分使用。基于此，RDM 的情景探索可用于识别给定期权现值低于其成本的场景，从而从经济效益上判断措施的可行性。

实物期权方法（real option analysis，ROA）同样采用动态可变措施，运用经济计量模型评估实物资产，通过延续值和终止值两个指标确定措施的投资时机。区别于工程措施分析易于与其他类型的策略体系结构结合使用，实物期权方法可以精细化分析预期性能的最佳价值方案。

多目标稳健优化（many-objective robust optimization，MORO）是一种用于设计适应性计划的通用计算工具，该思路通常利用机器学习算法进行对策生成，适用于未有既定措施的应用案例，通常不包括脆弱性分析。已经有部分学者开始尝试将它与其他方法结合使用，如结合动态适应策略和动态适应对策路径使用的案例。它也为多目标稳健决策的相关研究提供寻找相关性的思路，在进行深入分析之前，通过搜索的方法创建多种措施，在脆弱性分析中探究失败情景，并评估措施组合的稳健性。

五、关键稳健决策方法对比

信息差距理论、稳健决策法和动态适应对策路径三种方法是被广泛应用的关键稳健决策方法。由于其都关注气候变化和社会经济发展不确定性因素在长时间尺度上对原有计划的影响，因此在内涝风险管理和水资源管理领域得到了广泛的应用。

许多研究都指出在该领域，模型建模、模拟分析以及措施方案的建立都需要反复讨论和迭代优化，不可能一蹴而就，因此这三种方法思路均建立在迭代优化的基础之上。此外，从模型分析的方法思路而言，它们分别代表了三种不同的政策结构，即未有明确结构、保护适应性结构和转换适应性结构。这三种政策结构异同点的分析与结合，是深度不确定性下稳健决策的重要研究方向。

（一）IGDT 信息差距理论

信息差距理论（以下简称 IGDT）是在满足最低目标基础上寻求最大化稳健性的理论方法。该理论起源于 Ben-Haim（2001）关于机械系统可靠性的研究，主要包含三个要素：① 一个描述不确定性的信息差距模型；② 一个展现决策方案效果的系统模型；③ 一组决策者要求或者希望达到的效果值。随着该理论的发展，它已逐渐应用于决策领域，发展成为解决水环境领域中深度不确定环境下的一种决策方法。

IGDT 使用不确定性参数 α 来描述“知道”与“需要知道”之间的信息差距，并定义了决策的奖惩函数和两个评价指标——机会性和稳健性，通过两个指标之间的平衡找到一个满意解。该理论保证了在 α 最大化的情况下决策效果达到最低满意值。该理论用参数 α 定义未来系统不确定性，使用最佳估计量 $\widehat{u}$ 表示未来系统的不确定性，$\widehat{u}$ 与 α 的偏移量 h 表示不确定性的增量。所以，IGDT 可以表达为 $\widehat{u}$ 和 h 的函数，即集合 $U(h,\ \widehat{u})$，它表示了不确定性的增量，其结果的 h 稳健性是指当不确定性参数 α 最大时，仍可以确保系统维持正常运转（图 1-4）。

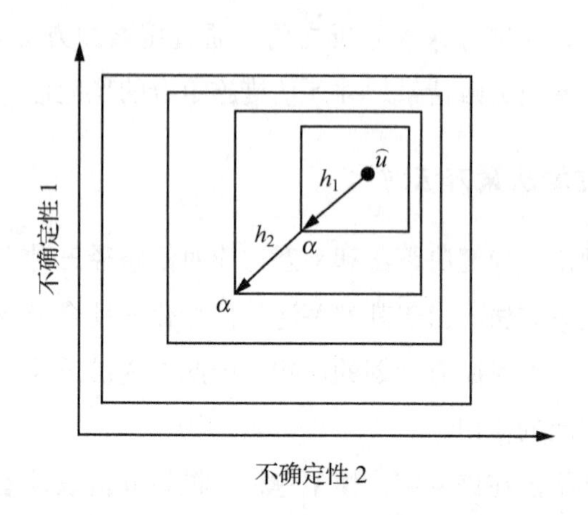

图 1-4　信息差距模型偏移量 h、不确定性参数 α 与最佳估计量 $\widehat{u}$

IGDT 的主要贡献在于：① 通过构造不确定信息差距模型，描述了决策中的深度不确定性，分析决策者已知信息与需要知道信息之间的差距来描述深度不确定的环境；② 定义了深度不确定环境下的决策奖赏函数和评价准则，进行综合分析后形成最坏输出最小化且最好输出最大化的策略。这种方法对不能以概率形式描述的不确定性问题给出解决方案，有效解决对不确定性的描述及评价准则的选取问题。

（二）RDM 稳健决策法

稳健决策法（以下简称 RDM）是由美国著名咨询公司兰德提出的一种处理深度不确定性的稳健决策方法，该方法理论基础完备，框架结构明确，有广泛的成功实证应用。RDM 的应用案例包括新奥尔良市抵御未来风暴潮适应措施规划、科罗拉多州水资源供给与管理、以色列国家能源安全规划以及胡志明市适应气候变化防洪除涝规划等。

RDM 的基本思想不是使用计算机模型和数据来做出最佳的预测，而是基于成百上千套假设的模型来模拟潜在决策计划在未来各种可能情景下的实施情况。RDM 可以借助计算机模型和数据探知既定计划在未来各种情形下的实施结果，规避未来气候的不确定性。它通过“逆向”的方式评估未来所有可能发生的情景，帮助决策者制订动态的适应措施。而传统灾害风险评估方法通常为情景分析（scenarios analysis）和概率风险分析（probabilistic risk analysis）两种方法。RDM 通过融合两种传统方法的优点，创造了一种促进决策者之间对话的全新方式。RDM 让决策者面对的问题不再是“未来会发生什么事情”，而是转向“我们现在可以采取哪些措施来确保局势朝着我们期望的方向发展”。

RDM 基本步骤：明确问题现状，提出适应措施（决策构建）；基于未来不确定性构建未来情景（案例生成）；根据脆弱性分析判定各适应措施在不同未来情景下的表现，判断适应措施是否达标，发现存在潜在漏洞的情景（情景分析）；分析各适应措施提升城市适应气候变化的能力与其经济效益比（权衡分析）；制定相应适应策略（稳健政策）。图 1-5 显示了 RDM 的理论框架和主要流程。

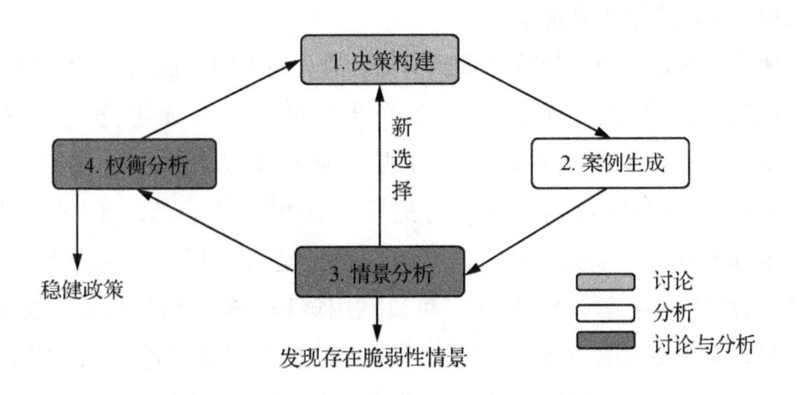

图 1-5　RDM 的理论框架和主要流程

RDM 的主要技术方法包括以下几点。① RDM 未来情景构建：通过列举、筛选及定量分析，识别出气候变化影响下未来可能出现的不确定因子及其变化区间，通过拉丁超立方抽样法实现多维均匀抽样，构建未来情景。② 模拟效果对比与可视化：将现有措施和潜在措施分别导入模型，对比模拟结果，在可视化数据库软件中实现多情景对比分析。③ 情景探索和脆弱性分析：依据适应措施在未来情景中的分析结果，进行情景探索和脆弱性分析，筛选出脆弱性结果以改进适应措施的方案。④ 适应措施分析：将适应措施进行定量化分析，评估未来情景下不同适应措施的表现情况，并对比不同适应措施在相同情景下的优劣程度，根据评估结果完成适应措施的取舍分析和经济效益比的计算。

同大部分 DMDU 一样，RDM 通常没有标准的模型，而是根据不同的研究领域使用合适的模型（如气候模式、水文模型、经济模型、人口预测模型）。RDM 运用关系模型连接不确定因子、适应措施以及评价标准，建立各适应措施与未来不确定性情景的关系，综合分析对比各适应措施的表现情况，评价其是否实现预期目标和经济效益比。

对于未来情景的处理，通常使用抽样方法生成情景。首先，需要明确各不确定因子的变化区间。例如，在胡志明市内涝风险管理案例中，假设 2050 年海平面上升 20 ~ 50 cm，城市中降雨量 100 mm 以上暴雨出现概率增加 1.5% ~3% 以及人口增加 15% ~ 50%。通过与相关部门专家、学者进行讨论，依次分别建立各种不确定性因子的情景，并通过使用拉丁超立方抽样法生成大量未来情景。

情景探索是脆弱性分析的重要步骤。通过病人归纳法则，可以探索适应措施失效的情景。其中有 3 个关键评价指标需要考虑：① 密度（density）：有多少案例在该情景下是与适应措施相关的；② 覆盖度（coverage）：这些情景包含多少与适应措施相关的案例；③ 可解释性（interpretability）：选取的情景和不确定因子是否小到足以解释相关性。PRIM 通常被封装至开源程序中，可以利用该程序进行情景探索，帮助决策者和研究人员选取最佳子空间。通过权衡空间覆盖度和密度，选取与适应措施相关度最高的子空间进行脆弱性分析。依据统计数据区别达标与未达标适应措施，并根据各适应措施评估投资金额和灾害风险损失，进行经济效益分析。

RDM 通常以保护性措施为基准，考虑一系列适应性措施作为基准措施的补充。在未来情景中，评估不同适应措施（如胡志明市内涝风险管理案例中居民建筑抬高、低洼地势民居迁移、地下水管理、城市排水系统改进等适应措施）的表现情况。通过判断适应措施在总案例数量中的达标数

（如地下水管理措施在1 000个未来情景中有150个达标），分析相同适应措施在不同情景下的表现情况，并对比不同适应措施在相同未来情景下的优劣程度。此外，脆弱性分析可以揭示适应措施未达标的原因，如明确何种不确定因子与该适应措施相关性最大，并确定该因子在哪些区间限制了该适应措施发挥以及其阈值的大小。

RDM使用XLRM决策矩阵法作为思路框架，该方法通过使用2×2矩阵列举所有潜在不确定性因子（uncertainties，X）、理清适应措施（policy levers，L）、构建关系模型（relationships，R）并提出评价标准（measures，M），即通过模型模拟未来气候变化多源不确定性情景下，各适应措施提高适应气候变化的能力，判定各适应措施是否达到评价标准（如未来风险控制于现状以内）及其投资效益比，最终提出符合短期、长期利益的稳健性策略或策略组合。基于XLRM的矩阵分析框架如表1-3所列。

表1-3 基于XLRM的矩阵分析框架

不确定性因子（uncertainties，X）	适应措施（policy levers，L）	关系模型（relationships，R）	评价标准（measures，M）
决策制定者无法规避的外部不可控因子（构建未来可能情景集的基础）	决策制定者可控的行动方案（据此构建各独立适应措施）	用以评估各适应措施在不同情景下表现情况的模型	评估结果，即评价适应措施是否达到既定标准

（三）动态适应对策路径

动态适应对策路径（以下简称DAPP）旨在减少不确定性从而制订动态的适应计划。此类规划通常概括了未来的策略组合，其核心是拟定了符合短期利益策略的同时，也建立了未来策略组合的框架及其适应对策路径。该理论方法在荷兰和英国得到了广泛的应用，其主要目标是建立可持续发展的水资源管理体系，充足的可以应对各种可能出现的气候情景，并具有足够的适应弹性。其实施主要步骤为：① 描述当前和未来的情景和目标；② 问题分析；③ 确认方案；④ 分析情景集合；⑤ 明确方案的有效期限；⑥ 评估制定方案和路径。

临界点（tipping point，TP）分析是DAPP的核心方法，其目的是衡量适应方案在何时不再满足特定的目标要求。适应路径方法提供了一系列可供实施的适应方案框架，在完成临界点分析后以决策树或者地铁路线图的形式展示出来，框架中任意一条可联通路径即为一个适应对策路径。通常而言，这个方法使用计算情景的方式，以评估有效期限在各个适应措施的分布。临界点分析的日期是一个估算值，误差一般不超过20%。与地铁路线图相似，DAPP提供了一个可选择的路径集合以到达最终的目的地。所有的路径都提供了满足不同时期的最低级别预期要求，正如“条条大路通罗马”，可以通过选择不同的路径到达目的地。

由于某些方案未能达到某些情景的目标，因此有些路径是不可选择的。同样，决策者和利益相关者会综合考虑方案的实施难易程度和成本等因素，在选择时也会有偏向的路径。所有的路径根据方案的成本和效果都会记录在评分板上。借助图1-6适应对策路径示意图，决策者可以制定无悔的策略以及明确方案的有效期限。其中，现有的方案措施目前已无法达到目标，选择方案B可能会在短期内（10年内）有效，但在中期而言，就需要采取额外的措施达到目标。方案C的有效期限为80年左右，且在所有情景下均有效，但若极端情景X出现，则该方案会失效，因此选择方案C可能存在一定风险。选择方案A和方案D可长期维持系统目标，在所有情景下皆有效。结合评分板以及实施方案措施的花费，决策者可以制定审慎的策略。

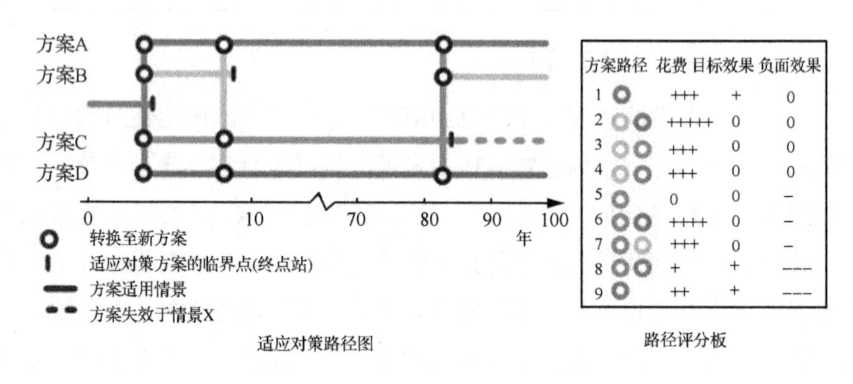

图1-6　适应对策路径示意图

（四）方法对比

RDM具备完整方法论和一系列成熟的工具，采用拉丁超立方体实现多维均匀抽样建立未来情景，以解决沿海城市系统内部社会、经济和外部气候变化引起的深度不确定性。在防洪除涝领域通过权衡分析应对气候变化、减少极端内涝灾害方面的挑战，实现适应对策的量化评估与对比。IGDT 与 RDM 有很多共通之处，Matrosov 等人（2013）在研究伦敦市泰晤士河供水项目时，同时运用了 RDM 和 IGDT，得出了较为一致的稳健决策结论，并指出了两种方法有互补之处。此外，Hall 等人（2012）也分别利用了 RDM 和 IGDT 两种方法评估了政府减少温室气体排放政策，研究发现，两种方法都致力于寻找一个对不确定性因素不敏感、对未知条件适应性较强的决策结果，虽然在处理过程中有所不同，但仍然能判定一致的最优和最劣政策结论。

考虑到多种情景和大量的计算机模拟，基于稳健决策的方法更适用于深度不确定性场景，这三种方法都关注对于决策的定量评估和优劣分析。这些理论方法在不同程度上经实践证明有效，然而，由于提出的概念不同以及使用的决策支持信息不同，它们也有各自的优缺点和局限性。表 1-4 为三种决策方法的对比。

表 1-4　三种决策方法对比

项目	RDM	IGDT	DAPP
不确定性度量	以未来气候因子和社会经济的变率区间组合未来情景，从而减少不确定性	在各种未来可能情景中，以适应方案能否达到既定目标来衡量不确定性的区间	使用临界点分析判断适应方案的有效期限，制定不同的适应路径以减少未来气候情景不确定性的影响
模型	需要特定水文、气候及社会经济等一系列关系模型	须分别建立不确定性模型、系统模型以及评价标准	需要特定模型
方案评价	基于情景探索和权衡分析提供各适应措施在各未来情景下表现情况，不提供严格意义的优劣排序	基于稳健性和机会性的权衡分析评价，不提供严格意义优劣排序	适应路径评分板以及可行路径，综合考虑造价、稳健性等因素

续表

项目	RDM	IGDT	DAPP
主要优点	① 理论技术基础扎实，运用 XLRM 框架理清总体思路； ② 技术方法完备，使用拉丁超立方体抽样、脆弱性分析、情景探索、数据可视化展示等技术，有效减少不确定性； ③ 定量考虑各适应措施在未来气候情景下的表现情况，提供定量评估结果及现有方案漏洞	① 可解决非概率形式的不确定性问题； ② 建立不确定性模型，细化的最低要求和奖惩函数； ③ 通过提供可视化的分析来判断各适应措施的稳健性和机会性，以供决策者取舍分析和评估	① 基于临界点分析法可估算各方案的有效期限； ② 提供可选择的多种动态适应对策路径，易于展示和充分与决策者沟通； ③ 通过实施难度、造价和负面效果指标定量化评估各适应对策组合，且通常提供最优适应路径
主要缺点	依赖模型，计算量大，措施方案展示方法不够直观	没有明确的情景生成方法，缺少脆弱性分析	没有明确的情景生成方法

（五）关键稳健决策方法小结

在当今快速变革的形势下，由于涉及城市系统内部相互作用机制的复杂性和气候、经济、社会、人口等要素的不确定性，“先预测后行动”的传统风险评估方法并不能解决深度不确定性下的城市应对内涝风险的决策问题。基于稳健决策思想方法可以提供有助于正确决策的新思路，并借助计算机模型和数据探知既定计划在未来各种情形下的实施结果，帮助决策者辨别其计划实施结果的优劣，通过对比各适应措施的经济效益和负面影响，制定最优的对策组合及其实施路径。此外，除了把气候变化等诸多外部因素的不确定性纳入考虑范围之外，还要综合考虑内部因素包括数据资料、内涝模型、气候模式等的不确定性。

稳健决策方法框架提供了思路范式，使相关研究不必拘泥于某种特定方法的标准思路流程，也无须争论方法之间的确切差异以及这些差异的优劣。与其讨论是应用 RDM 还是 DAPP，不如讨论在问题本质下，哪种深度不确定性技术组合能够满足实际需求，因为不同应用场景和政策状况需要采用不同的技术组合。在设计新的基础设施如大型水库时，考虑到未来气候变化不确定性的影响，在进行脆弱性分析之前使用多目标搜索进行对策生成是有意义的，而在其他案例研究中，可能决策者或利益相关者已预先定义了对策措施。

此外，DMDU 方法也在技术上取得了诸多进展，如直接积分法、遗传算法、均值一次二阶矩法、熵理论等方法已经被有效运用，适应对策的服务效应、经济效益评估（如生命周期成本分析、多目标决策）也逐渐被广泛运用。但从决策支持领域来看，主要的挑战不仅是技术手段的提升，还在于如何将风险评估的结果运用在实际决策中。这体现在决策制定过程中如何处理不确定性、对适应对策的定量化评估，以及如何促进与决策者和利益相关者的沟通。

第三节 内涝灾害风险评估存在的问题

一、传统内涝风险评估方法缺乏不确定性的处理和稳健决策评估

国内传统的内涝风险研究多基于“自上而下”和“先预测后行动”的思路。典型的方法为基于情景的灾害风险评估，但气候预测模式的不确定性决定了无法精确预测未来的气候情景。传统方法注重于对未来各种情景下的风险预估，而较少考虑未来气候变化深度不确定性的问题，更没有涉及措施的稳健性和失效情景的探索。总体来说，目前我国针对未来气候不确定性的内涝灾害风险评估与决策的研究仍然匮乏。

此外，传统内涝风险研究在针对适应对策方面的研究工作大部分停留在定性分析描述，缺乏定量表征，也缺少适应措施对于减灾效应的有效性评估，诸如工程性措施和非工程性措施如何进行模型参数化表达，适应措施在多大程度上减少内涝灾害的影响，如何量化措施的生命周期成本和减灾效益，何种措施或措施组合具有较高的经济效益比等一系列问题均较少涉及。而稳健决策方法为此提供了新的解决思路。因此，如何解决传统灾害风险分析方法在深度不确定性条件下的缺陷，开展沿海特大城市防洪除

涝的稳健决策是本研究拟解决的关键科学问题。

二、稳健决策方法缺少城市框架范式和技术思路

DMDU 方法强调“自下而上”思维范式，尽管在国际上内涝灾害和水资源管理领域已有诸多应用案例，但不同思路方法之间存在较大重叠性。然而，稳健决策方法体系在城市内区域尺度研究鲜有应用，对于城市未来风险预估和措施评估更是长期的技术难点，因此有必要针对上海这种特大沿海城市开展气候变化深度不确定性背景下的稳健决策工作。

本研究拟通过 RDM 方法理清城市的不确定因子及其未来的变化趋势，从而确定不确定因子的变率区间，以均匀抽样方法实现多个不确定性因子的情景组合，避免了直接对未来气候情景不确定因子的概率预估及风险表达。分析建筑类别等承灾体在空间上的暴露价值评估的基础上，结合致灾因子和暴露脆弱性进行风险建模，综合评估各适应措施减少灾损的能力及其经济效益比。通过情景探索方法，识别关键的不确定因子和措施失效情景，并利用模型充分评估在未来各种不确定性情景下措施的稳健性。

三、稳健决策方法在城市防汛适应对策领域的方法体系创新

在地方防洪除涝政策规划的基础上，与决策者进行知识共创，措施的提出须与决策者进行多轮的沟通对话，充分考虑地方政策规划，并利用模型充分评估在未来各种不确定性情景下适应措施的有效性和失效场景。这要求研究不仅在理论框架上进行综述和创新，在技术路线上也需要充分考虑风险评估与适应措施环节，构建耦合模型，不断迭代优化模型和措施情景。因此，对于稳健决策体系方法的创新也是本研究拟解决的科学问题之一。

融合 RDM 和 DAPP 的方法多次被提及但尚未被实践。RDM 和 DAPP 是目前国际上重要的处理深度不确定性的决策支持方法，已被广泛应用于河口海岸规划、水资源管理、内涝风险评估等多个国家重大安全项目（如美国的南加州供水规划、英国的泰晤士“2100 规划”等）。RDM 强调情景发现和政策细化的迭代过程，而较少关注随着时间推移决策能否延续或失效后如何应对。与此相反，DAPP 则专注于可供选择的自适应政策途径

的潜在路线的数量，寻求最大限度的灵活性，但依赖于专家判断和定性分析。因此，有必要探索一种将两种方法结合的新思路，同时解决量化评估与可供选择和转换的 DAPP。本研究拟在 DMDU 框架体系下，在 RDM 适应措施稳健性评估和脆弱性分析的基础上，进一步考虑各对策及其组合的有效期限、经济成本效益并制定符合短期、中期、长期需求的适应对策路径。

第四节 内涝灾害风险评估研究的目标与内容

一、研究目标

本研究旨在融合国际先进的适应对策定量评估方法——RDM 和 DAPP，模拟未来气候变化情景下上海市内涝风险并定量评估该市暴雨内涝防治对策。本研究拟构建基于气候变化情景的未来上海市海平面上升、极端降雨增加等不确定性情景集合；建立耦合气候模式和经济损失评估模型的城市内涝模型，模拟未来上海市沿海区域在不同海平面情景下的淹没深度及范围；并以上海市地下管网、地下深隧建设和公共绿地面积增加为例，定量评估适应气候变化的工程性适应措施的成本效益，形成适应对策路径，为科学评估适应对策提供切实可行的理论支持和实践方案，实现以下研究目标。

1. 追踪国内外稳健决策控制理论研究，融合 RDM 和 DAPP 两种理论方法，提出适合本地化的框架范式；明确不确定性指标体系，构建未来气候变化不确定性指标框架，创建大量未来气候变化不确定性情景。

2. 基于稳健决策框架，搭建动态耦合内涝模拟及风险评估模型，包括情景生成、内涝模拟、风险分析和对策评估。研究以上海市为例，模拟各情景下的极端内涝淹没情况，辨识关键高暴露性区域，研判各气候情景下内涝灾害的直接经济损失，并量化上海市内涝风险。

3. 定量评估公共绿地、地下深隧和排水管网三种工程性措施及其组合的防灾减损能力，结合生命周期成本分析（life cycle cost analysis，LCCA）理论，计算有关措施的成本和经济效益。制定短期向长期过渡、行之有效的适应措施实施路径。

二、研究内容

本研究利用DMDU领域最具有代表性的RDM开展上海市暴雨内涝风险及适应对策评估。融合情景分析和概率风险分析两种传统方法，建立风险评估模型，计算未来不同情景下的直接经济损失。从风险管理的角度综合分析经济、社会人口、建筑类别等承灾体在空间上的资产价值暴露，定量评估适应措施减少灾损的能力及其经济效益比。利用情景探索方法分析未来极端内涝的关键影响因子，并探索各措施及组合的稳健性。最后，结合DAPP研判各措施组合在未来情景中可能失效的临界点，制定符合短期、中期、长期发展需求的适应对策路径。

（一）稳健决策进展与框架研究

追踪国际先进稳健决策理论在灾害风险领域的研究进展，研判各理论方法的主要思路与举措，综合稳健决策在城市内涝风险评估领域的方法论，为本研究奠定理论基础。结合“脆弱性分析”、“灾害风险分析”以及“稳健性度量”等风险评估模型，以上海市为例，在气候变化深度不确定性背景下，探索特大城市应对内涝风险的稳健决策框架范式。研究采用该领域热点方法RDM和DAPP，并且形成本地化实施方案和技术路线。

（二）内涝模型建模与耦合

在ArcGIS软件中搭建数据预处理流程，使土壤保护服务（soil conservation service，SCS）模型数据具备批处理能力。基于SCS-CN模型，开发内涝损失耦合模型，在内涝模型基础上研发风险计算与适应对策评估模块，实现内涝模型与风险模型的耦合。将防洪除涝措施参数化，搭建多模型、多情景、自动化的上海市内涝损失动态评估模型，从而解决模拟计算量大、流程复杂的问题，并依据实况灾情信息和商业水文模型进行模型验证。

（三）未来情景构建与探索

以上海市为研究区，建立适合本研究的 XLRM 分析矩阵，明确未来情景构建方法。理清未来不确定性因子及其变率区间，以拉丁超立方体抽样法构建未来极端暴雨内涝情景。模拟未来情景下的淹没及损失情况，依据情景探索和 PRIM 分析方法，探索对于淹没深度高贡献度的不确定性因子及相关的脆弱性情景。

（四）措施量化与性能评估

本研究拟通过稳健决策方法在风险评估领域的应用，探索适应对策在水文水动力模型中的参数表达，明确地给出未来各种气候情景下使用适应措施前后造成的淹没影响和风险大小变化，据此判断适应对策的效果和适用范围。

根据《上海市城镇雨水排水规划（2020—2035 年）》和《上海市节能和应对气候变化“十三五”规划》等规划指导文件，通过实地调研与专家知识共建，选取适应的防洪除涝措施，定量化评估工程措施在未来气候变化情景下的性能以及防灾减损能力。

（五）措施权衡与对策路径

基于生命周期成本分析方法，评估各适应措施及其组合在未来各情景下的成本效益。通过经济效益比、稳健性度量和脆弱性分析进行稳健决策权衡分析。根据措施失效的“临界点”，制定符合短期至长期有效的动态适应对策路径。

第五节 内涝灾害风险评估研究的主要创新点

本研究基于 DMDU，融合 RDM 与 DAPP 两种最为广泛应用的方法，开展上海市未来极端内涝灾害风险防控与适应研究，模拟未来极端内涝情景和现有措施的风险，从评估适应对策的性能、成本效益和脆弱性情景的不同视角，分析措施组合的稳健性，制定 DAPP，主要创新点如下。

1. 系统地梳理了 DMDU 的研究思路及各理论方法的异同，对比了 RDM、IGDT 以及 DAPP 三种方法的优势和不同，形成研究的理论框架基础。从脆弱性探索角度，融合 RDM 和 DAPP 两种理论，克服了过往 RDM 无法提供动态可转换措施路径以及措施指导性不明确的弊端，深化了稳健决策的理论与应用。

2. 稳健决策方法在城市区域尺度的研究鲜有应用。本研究结合气候预测和历史雨量趋势分析的结果，设计了影响未来极端暴雨情景的不确定性因子。以上海市中心城区为例，量化极端雨量增加和城市雨岛效应的变率区间，从而实现多种不确定性因子的情景组合，避免了直接对未来气候情景不确定性因子的概率预估。措施方面考虑了上海市地方排水规划方案，并通过与行业专家和决策者的对话，明确了在高风险的中心城区形成以“灰色 + 绿色”“基础措施与动态措施结合”的整体措施结构。

3. 国内在适应气候变化内涝灾害风险管理领域主要依赖传统“先预测后行动”的思路，无法针对深度不确定性背景下内涝风险稳健决策的一系列问题提供解决方案。本研究重点研究并回答了在未来深度不确定性情景下，何种影响因子是制约措施性能的关键因素，如何衡量各措施的成本收益，措施组合在何种情景下将会失效，如何综合考虑措施组合的性能、成本及稳健性，以及如何制定可转换的路径方案等重要问题。研究很大程度上填补了国内稳健决策领域的研究空白。该研究以我国特大沿海城市上海市为例展开实例研究，也可为国内其他沿海城市的风险评估及稳健决策研究提供参考。

第二章

研究区、研究数据和主要方法

第一节　研究区

一、研究区概况

（一）上海市概况

长三角城市群是“一带一路”与长江经济带的交汇地带，也是我国最大的城市群，在国家现代化建设大局和全方位开放格局中具有举足轻重的战略地位。作为长三角区域的龙头城市，上海是最具活力、开放程度最高、创新能力最强、吸纳外来人口最多的城市之一。它位于长三角的最东部，北枕长江，东濒东海，南临杭州湾。根据2020年上海市统计年鉴显示，截至2019年年末，上海市辖16个区陆域面积为6 340 km^2，建成区面积为1 237. 85 km^2。上海市常住人口达到2 428. 14万，是世界上人口最多的特大型河口城市之一（图2-1）。

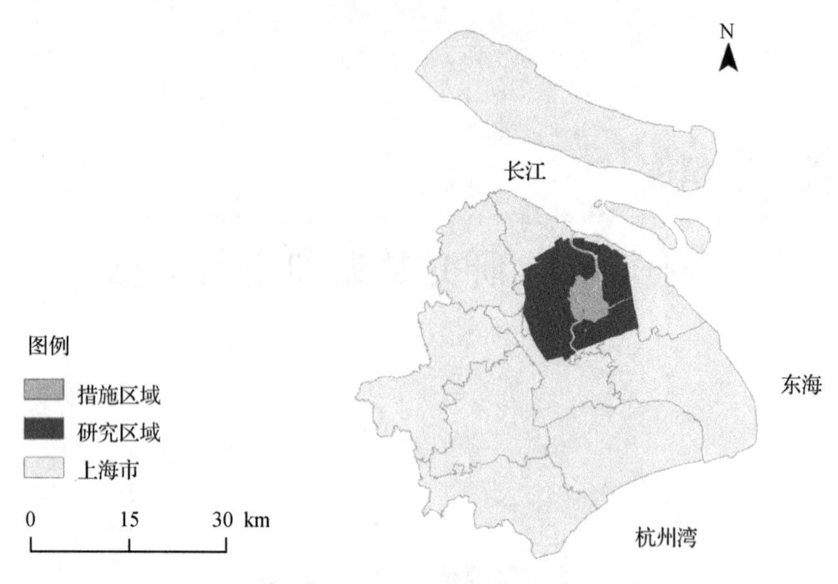

图 2-1　研究区

上海属北亚热带季风性气候，四季分明，日照充足，雨量充沛。2019年平均气温为17.3 ℃，日照时数为1 626小时，无霜期为312天，年降雨量约1 409.1 mm。受潮汐和季风气候影响，上海具有“台风、暴雨、高潮位、上游洪水”4种汛情特点，这种情况极易导致复合内涝灾害伴生现象，即所谓的“二碰头”、“三碰头”乃至“四碰头”。历史上记录水高丈余、死人及万的大潮灾共10次。一般“二碰头”现象年年都有，而“三碰头”现象近年也多有发生。例如，在2013年“菲特”台风期间，上海遭遇了1949年以来首次风、暴、潮、洪“四碰头”灾害。在“菲特”台风和冷空气的共同影响下，海上风狂潮猛，上海和周边地区普降暴雨和特大暴雨，上游洪水下泄量大，正逢天文高潮位，造成上海城区积水严重。

（二）水系河网

上海地处太平洋西岸、亚洲大陆东沿，位于长三角前缘，东濒东海，南临杭州湾，西接江苏、浙江两省，北界长江入海口，长江与东海在此交汇。上海位于江南古陆的东北延伸地带，为冲积形成的三角洲平原。土壤肥沃，平均海拔约为4 m，地势平坦开阔，河湖水网纵横。

黄浦江全长约113 km，河宽300～770 m，深达15 m，平均排水量为

300 m^3/s。黄浦江始于上海市青浦区朱家角镇淀山湖，淀山湖容纳上游太湖流域大量来水，是太湖主要泄洪通道。黄浦江下游途经上海市中心，在外白渡桥接纳吴淞江（苏州河）后在吴淞口注入长江，它是上海的重要水道，也是长江汇入东海之前的最后一条支流。由于黄浦江属感潮河段，水位高度受潮汐影响，若大量上游来水适逢天文大潮期间下游水位顶托，易导致下泄困难，且在台风季节容易受台风风暴潮的影响。

二、上海市历史降雨规律分析

（一）年降雨量分析

1874—2016 年，徐家汇站的平均年降雨量呈弱的增多趋势（图 2-2）。20 世纪 50 年代、80 年代以及 21 世纪最初 10 年降雨偏多；而 20 世纪 20 年代、30 年代、60 年代和 70 年代降雨偏少。在 20 世纪 70 年代前，降雨量呈现 30 ~ 40 年的周期性波动，随后增加趋势明显。2017 年上海市气候变化监测公报结果显示，1941 年、1999 年、2001 年和 2015 年分别是上海徐家汇站排名前四位的降雨高值年。其中，2016 年上海徐家汇站年降雨量为 1 593. 7 mm，较常年值（1 259. 4 mm）多 334. 3 mm，为降雨偏多年份。

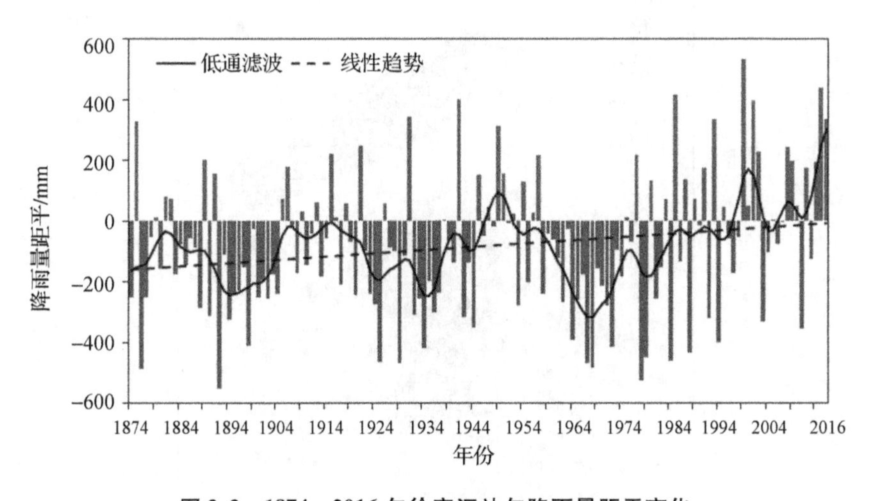

图 2-2　1874—2016 年徐家汇站年降雨量距平变化

（二）上海市1981—2013年强降雨事件分析

上海极端降雨事件的气候特征以小时降雨量≥35.5 mm的降雨事件为强降雨事件。1981—2013年，上海强降雨事件累计频次达到346次，其中1999年为最高，全市累计达到25次，强降雨事件呈增多趋势，增长率为1.08次/10年（图2-3）。2004—2013年，上海强降雨事件呈现中心城区多、郊区少的空间分布（图2-4）。2013年，上海强降雨事件共发生14次，属正常略偏多年份。

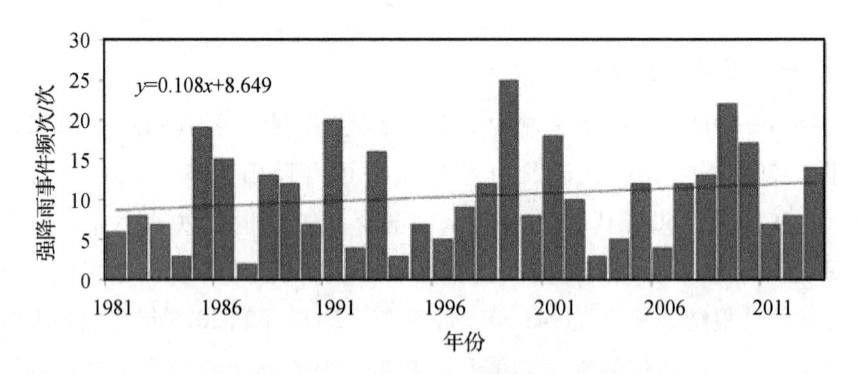

图2-3　1981—2013年上海强降雨事件频次变化

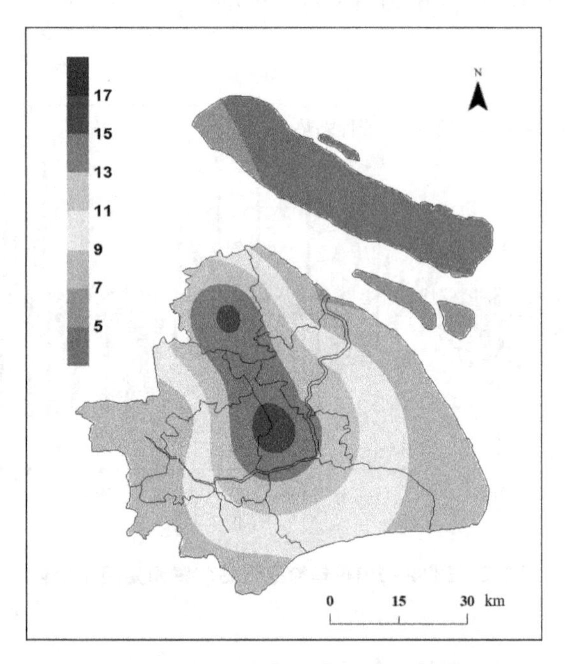

图2-4　2004—2013年上海强降雨事件累计频次（单位：次/10年）

（三）上海市最大极端降雨趋势

根据上海市1981—2013年最大极端降雨空间分布显示，在多年平均空间分布图上（图2-5），上海地区5 min最大极端降雨量呈现“中心高，四周低”的分布型。最大值为中心城区徐家汇站，降雨量为13.9 mm，松江站和宝山站次之，分别为12.5 mm和12.3 mm；其余区县台站记录的最大降雨量为11.4～11.9 mm。1981—2013年上海地区5 min最大极端降雨线性趋势总体上变化不大（表2-1）。浦东线性趋势最大，平均每10年增加0.7 mm；青浦次之，平均每10年增加0.6 mm。而降雨量较大的松江则呈现减少趋势，平均每10年减少0.8 mm。其余各站降雨量平均每10年变化 -0.4～0.4 mm。

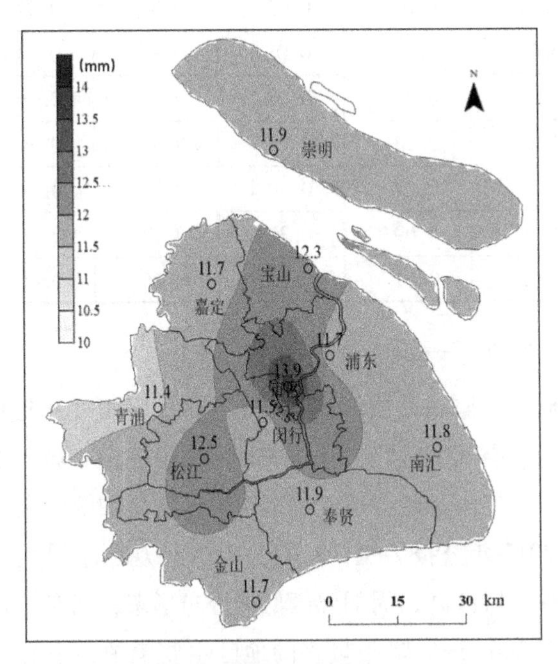

图2-5 1981—2013年上海地区5 min最大极端降雨量的平均空间分布图

此外，研究还分析了1981—2013年30 min、1 h、6 h、12 h和24 h不同历时最大极端降雨的线性变化趋势。根据上海各站不同历时最大极端降雨线性变化趋势（表2-1）可以发现，中心城区如徐家汇站和浦东站所有历时都出现了不同程度的增长，且所有历时的线性增长趋势均为正值。郊区不同台站总体而言增长趋势不是很明显，尤其是短历时有不同程度的负值影响。从 24 h 长历时角度来看，所有台站的趋势均为正值。因此，最大极端降雨短历时出现了不同的时空变化格局，表现为中心城区增加、其他区域增加或减少；最大极端降雨长历时均为增加趋势。

表 2-1　1981—2013 年上海各站不同历时最大极端降雨线性变化趋势

	5 min	30 min	1 h	6 h	12 h	24 h
闵行	0.04	0.15	0.37	0.27	0.29	0.87
嘉定	0.02	0.46	0.62	0.50	0.71	1.32
宝山	-0.04	-0.24	-0.29	0.11	0.62	1.29
徐家汇	0.03	0.34	0.74	0.93	1.42	1.73
南汇	-0.02	0.04	-0.05	-0.01	0.07	0.30
奉贤	-0.03	0.12	0.08	0.31	0.14	0.53
青浦	0.06	0.22	0.25	-0.03	0.16	0.63
金山	-0.01	-0.13	-0.25	-0.31	-0.30	0.14
崇明	-0.02	0.02	0.20	0.21	0.11	0.34
松江	-0.08	0.09	0.37	0.12	0.26	0.46
浦东	0.07	0.41	0.42	0.26	0.46	0.97

（四）上海市 2007—2016 年降雨变化趋势

上海市气候变化监测公报每年发布上海市的降雨变化趋势，其中包括全市雨量分布以及空间变化趋势，均表现出明显的中心城区雨量大于郊区雨量的空间分布，但雨量趋势通常表现出郊区的增加幅度大于中心城区。

本研究以 2017 年公报为例，2007—2016 年观测结果表明，上海市的平均降雨量呈中心城区高，周围郊区低的分布形态，浦东站比降雨量最少的崇明和青浦多 200 mm。降雨量多的地区主要集中在中心城区和浦东新区的交界处（超过 1 380 mm）（图 2-6 左）。2007—2016 年平均降雨总体呈增加趋势，其中城市外部地区、嘉定、松江、金山地区的降雨增加趋势明显（图 2-6 右）。

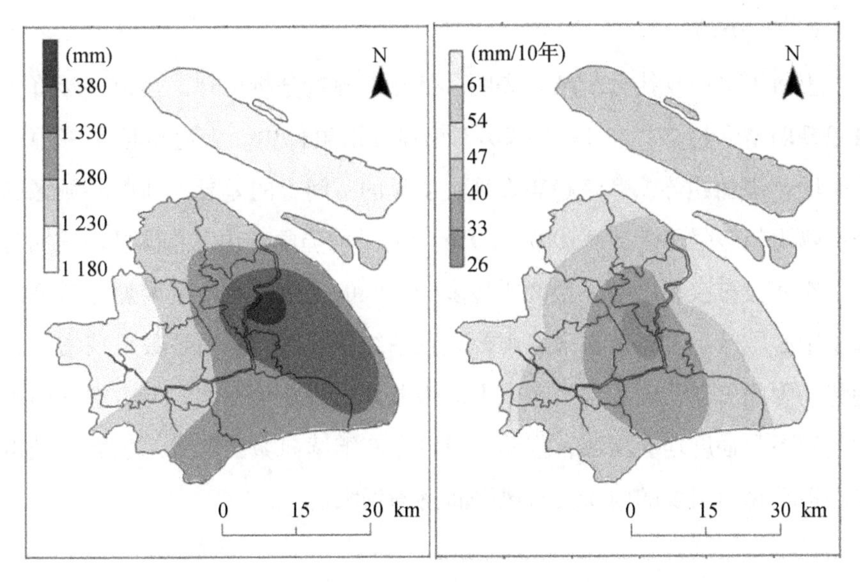

图 2-6　2007—2016 年上海市平均降雨分布及变化趋势

（五）上海市未来降雨预估

有学者开展了上海市未来降雨预估工作，吴蔚等人（2016）利用最新发布的模式情景数据，发现 GFDL-ESM2G 模式对上海降雨的模拟效果较好（图 2-7）。结果表明模式准确地模拟出 1981—2010 年上海暴雨日数每 10 年的变化趋势（三个年代对应的模式模拟结果分别为 3. 9 天、4. 6 天、3. 6 天）。预测结果显示，2011—2040 年，上海年平均暴雨日数呈现增加趋势。

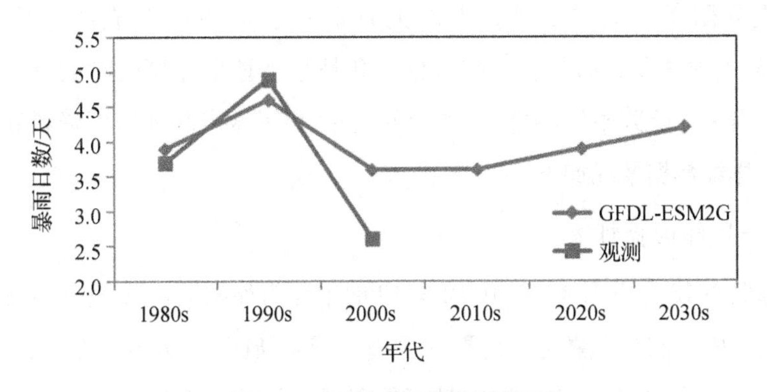

图 2-7　上海未来暴雨日数预测

（六）小结

上海市降雨规律分析结果表明，从年降雨量分析可知，全市多年降雨量呈现弱增多趋势。在 1981—2013 年强降雨事件中，上海市极端降雨事件呈明显增加趋势，且该趋势表现出明显的空间上的差异，即中心城区的极端降雨趋势强于郊区。2007—2016 年的平均降雨变化也总体呈现增加趋势，空间分布表现出中心城区明显多于郊区的现象，但雨量增加趋势郊区高于中心城区。上海市未来降雨模式预估结果表明，暴雨日数呈现增加的趋势。因此可以明确，虽然未来上海市总体雨量变化不大，但极端暴雨事件的频率和强度均会增加，空间雨量分布有继续向城区聚集的趋势，城市中心极端暴雨引发的内涝灾害风险将逐渐增大。

第二节 研究数据

因全球气候变暖，暴雨等极端气候事件的发生呈增多趋势，尤其是暴雨事件明显增多，造成了严重的灾害。例如，2013 年 9 月 13 日浦东新区的特大暴雨，1 小时降雨量高达 130. 7 mm，打破了该区原有的历史记录（108. 8 mm，1985 年 9 月 1 日川沙站）。这场暴雨造成道路积水、城市交通严重受阻等灾害。因此，本研究选取对上海市区造成严重影响的“9・13”暴雨事件，模拟在未来气候变化情景下该事件可能对上海市区的影响及损失。除降雨资料之外，本研究还搜集了城市基础地理资料和水文资料，详细数据情况如下。

（一）降雨资料选取

选取 2013 年 9 月 13 日 16 时至 19 时上海市徐家汇（代表中心城区）、闵行、宝山、浦东、嘉定、南汇（现属于浦东新区）、金山、青浦、松江、奉贤和崇明等 11 个气象站的逐时雨量资料。将站点观测数据通过空间插值到30 m 分辨率网格，作为模型的降雨输入数据。此外，还收集了上海中心城区及区县共 11 站的各历时降雨资料，研究各历时极端降雨事件变化趋势及空间分布特征。此外，本研究还搜集到“9 · 13”期间市民报警的记录作为模型模拟验证数据，该数据包含报警点的位置及报警点淹没深度。

（二）排水能力资料

市政排水方面，由于管道数据的缺失，本研究采用概化的 2013 年上海市排水能力数据表征各排水单元的设计标准。上海市外环内中心城区共分为 284 个排水单元，根据其排水能力分为三类，其中排水能力较差的一般为主城区老旧设计的雨污合流制管网，设计标准为 27 mm/h；其他新式排水单元基本按照一年一遇暴雨标准设计，排涝能力为 36 mm/h；此外，世博园园区设计的排水能力较高，为 50 mm/h（图 2-8A）。

（三）高程数据

本研究数字高程模型（digital elevation model，DEM）数据采用先进星载热发射和反辐射仪（advanced spaceborne thermal emission and reflection radiometer，ASTER）获取。这些数据具有 30 m 水平分辨率的全球数字高程模型（global digital elevation model，GDEM）数据，是目前覆盖最广的地形数据，该数据是根据美国国家航空航天局（National Aeronautics and Space Administration，NASA）的新一代对地观测卫星 Terra 的详尽观测结果制作完成的。在源数据的基础上，采用填洼处理，去除部分虚假洼地，根据土地利用数据提取出居住和商业类型的地块数据，对建筑用地和居民用地进行 15 mm 的高程修正（图 2-8B）。

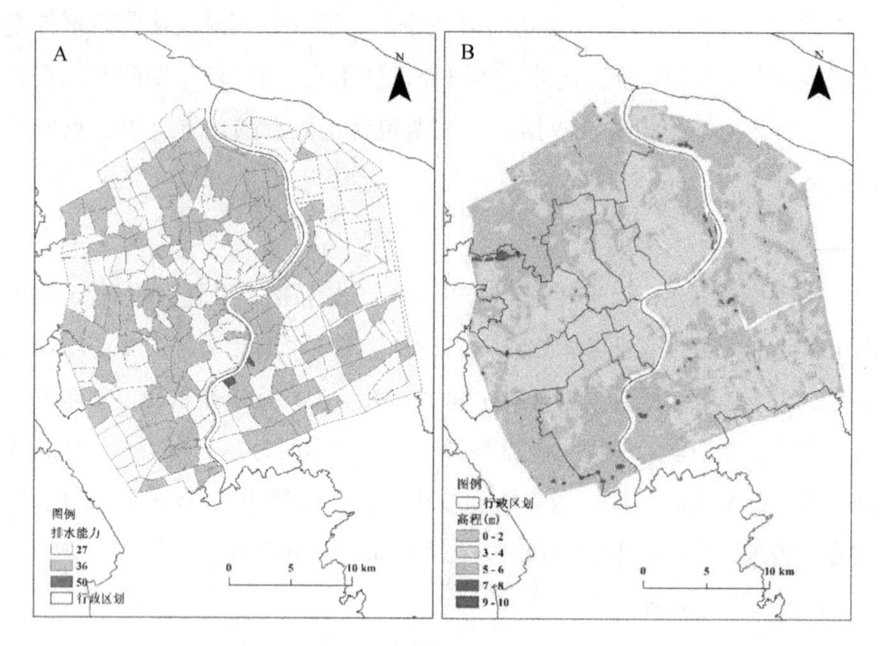

图 2-8　上海中心城区排水能力（A）和上海中心城区高程数据（B）

（四）社会经济统计数据

主要数据来源于上海市统计局每年发布的《上海市统计年鉴》。涉及的条目包括区县和街道人口、区县生产总值、公共绿地面积和投资、室内平均财产及建筑平均造价等。利用 ArcMap 将数据录入上海市行政区划矢量图层中，参与后续分析计算。

（五）土地利用数据

土地利用数据采用中国科学院地理科学与资源研究所发布的 2015 年中国土地利用现状遥感监测数据。选取研究区上海市 30 m 分辨率的土地利用数据，包括 9 大类，共 32 种土地利用类型。研究对上述类别进行了重新划分，共定义出工商业用地、新式住宅、自然村落等 10 种土地利用类型（图 2-9A）。将土地利用类型数据进行栅格化处理后，建立上海市径流曲线系数（curve number，CN）的空间分布（图 2-9B）。

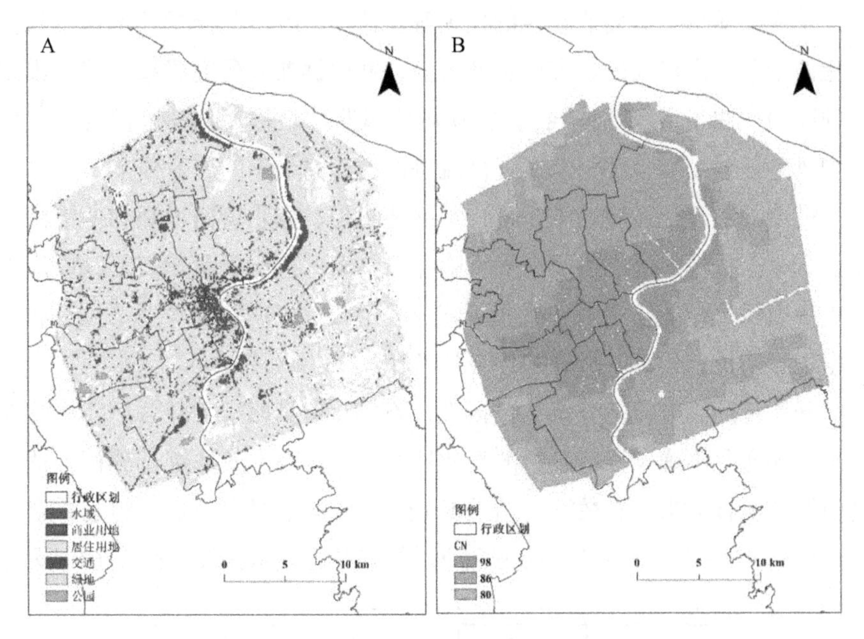

图 2-9　上海中心城区土地利用类型（A）和 CN 数据（B）

第三节　研究的主要方法

一、总体技术路线

首先，基于基础地理信息、气象水文资料和城市水文防汛资料等多源数据搭建数据库。整体技术方案基于 RDM，通过 XLRM 分析明确本研究的不确定性因子、关系模型、适应措施以及评价标准。选取如未来暴雨、城市雨岛效应以及由极端风暴潮、天文大潮及上游洪水叠加极端暴雨事件引发的城市排水能力下降作为不确定性因子。以“9・13”事件（2013 年 9 月 13 日极端降雨）构建未来极端内涝不确定性情景。基于 SCS-CN 水文模型和 GIS 空间分析模型，进行气候变化情景下极端内涝淹没模拟。

选取适宜的社会经济指标表征承灾体暴露情况，如建筑物的维修费用、室内物品价值、商业建筑的损失等。依据 GIS 空间分析技术评估气候变化情景下内涝风险的承灾体资产价值，并根据前人研究成果构建淹没水深的脆弱性曲线（灾损曲线），实现内涝风险评估模型构建。耦合水文模型和风险评估模型，评估未来各极端暴雨内涝情景下的风险分布。

模型的参数化适应对策，将公共绿地增加、排水管网增强和地下深隧建设 3 个工程性的适应措施纳入风险评估体系并进行定量化表征，以风险减少率为评价标准，评估各适应措施及其组合的减灾能力（性能）。同时，依据工程造价，计算各措施的经济效益比。

开展稳健决策权衡分析，包括进行脆弱性情景探索判断各适应措施在未来气候变化不确定性情景中的失效情况；结合成本效益综合分析各适应措施及其组合的未来有效性；通过 DAPP 方法的临界点分析，制定符合短期、中期、长期的可转换的动态适应对策路径，技术路线如图 2-10 所示。

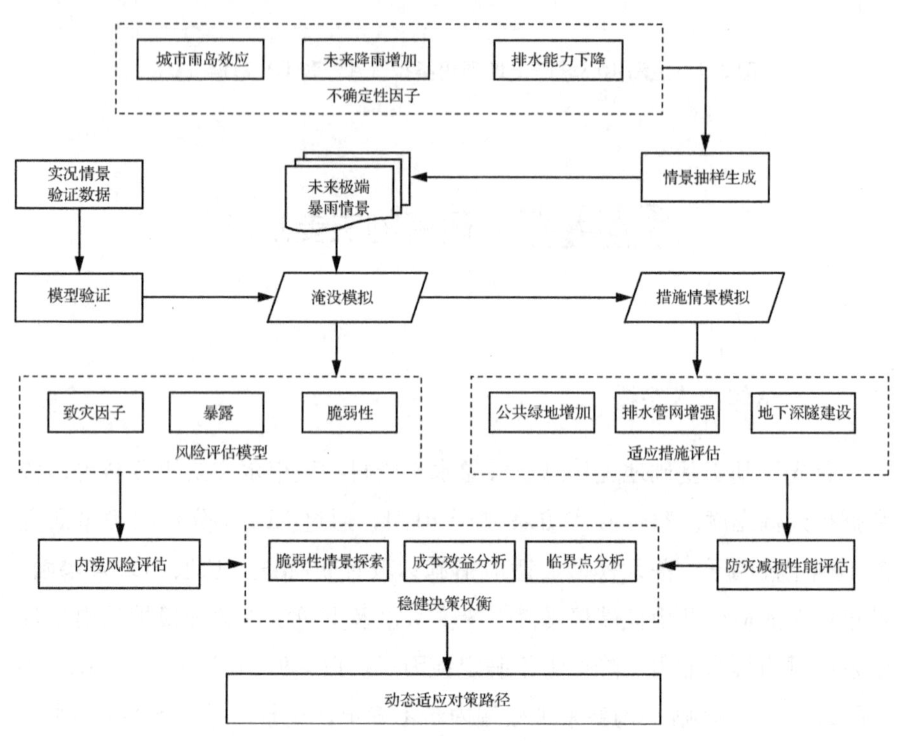

图 2-10　研究技术路线

二、稳健决策框架思路

与传统风险分析方法提出适应对策的思维方式相反，整体研究方法基于 RDM。政策结构采用延续性的基本措施结合动态可变措施方案，即以研究区现有的排涝防治措施结构为基准；以地方未来防洪除涝规划为目标措施；以评价风险减少率和经济效益比为措施组合的评价指标；以满意度（风险减少率控制标准）为稳健性度量，结合脆弱性情景分析，辨识各适应措施的失效情景。通过临界点分析路径方案的失效时间，综合研判符合短期、中期和长期利益的适应路径方案。

本研究在 DMDU 的框架基础上，从政策结构、情景生成、对策生成、稳健性度量以及脆弱性分析五个维度进行构建，详见表 2-2。

表 2-2　本研究稳健决策框架思路

维度	指标/因子			思路方法
政策结构	延续性的基本措施 + 动态可变措施			动态适应性
情景生成	降雨增加	雨岛效应	排水下降	拉丁超立方体抽样
对策生成	排水管网	公共绿地	地下深隧	预先定义 + 知识共创
稳健性度量	满意度	风险减少率	经济效益比	拉普拉斯等可能准则 + 措施性能对比 + 生命周期成本
脆弱性分析	情景探索（子空间分割）			PRIM + 临界点分析

（一）政策结构

研究采用研究区的现有措施即延续性的基本措施，结合动态可变措施转换的动态适应性措施作为政策结构，以上海市现有内涝防治措施结构为基准，形成短期实施的基本计划与一系列相辅相成的措施组合结构。

（二）情景生成

通过列举、筛选及定量分析，总结气候变化影响下未来极端暴雨事件的不确定性因子，包括未来降雨增加、城市雨岛效应以及城市排水能力下降。利用气候预测结果、城市空间降雨分布趋势和海平面上升地面沉降速率等相关研究结论，判断各不确定性因子的变化区间，并使用拉丁超立方体抽样方法构建未来情景案例。

（三）对策生成

定义现有防汛措施结构为基线，完善自适应措施体系结构。根据上海市防洪除涝相关规划方案和专家调研结果，选取排水管网增强、公共绿地面积增加以及地下深隧建设作为候选措施，并在模型中做参数化表达。将所有单一措施及措施组合导入模型，模拟各措施情景下的内涝风险，并与基准情景进行对比，评估各措施及组合的性能。

（四）稳健性度量

以致灾因子、承灾体的脆弱性和暴露构建内涝风险评估模型。采用拉普拉斯等可能准则作为决策准则，以相等的可能性计算各情景下平均风险减少率（average risk reduction rate，ARRR）。此外，结合风险减少率、经济效益比和满意度作为稳健性度量评价性指标，进行综合研判。采用措施对比的方法对各措施及措施组合的性能进行评估。

（五）脆弱性分析

为了探索措施组合在未来的失效情景，首先对极端淹没情景进行相关性分析，探索影响内涝风险增加的关键不确定性因子。依据这些不确定性因子进行措施情景的脆弱性分析，基于 PRIM 权衡覆盖度和密度，创建措施组合的子空间，从而辨识措施组合的失效情景。据此确定各措施组合的有效期限（临界点），从而制定稳健的适应对策路径。

三、XLRM 矩阵分析

RDM 通常需要进行 XLRM 矩阵分析。首先，需要梳理不确定性因子，结合未来气候变化带来的不确定影响，将其主要归纳为气候不确定性因子。结合现有的地方防洪编制规划，以公共绿地、地下深隧和城市排水管网建设作为适应性工程措施，并以适宜的指标参数量化表达。研究涉及的关系模型包括 SCS-CN 水文模型、风险评估模型和成本效益模型，基于这些模型构建上海内涝模拟模型（shanghai urban inandation model，SUIM）。以未来各情景城市内涝风险减少率、适应措施的经济效益比和满意度为评价标准判定适应措施的表现情况。本研究 XLRM 矩阵分析的思路框架如下

（表 2-3）。

表 2-3　本研究 XLRM 矩阵分析的思路框架

不确定性因子（uncertainties，X）	适应措施（policy levers，L）	关系模型（relationships，R）	评价标准（measures，M）
未来降雨增加空间降雨分布变化排水能力下降	现有防御设施基础城市公共绿地建设城市地下排水深隧建设城市排水管网建设	SCS-CN 水文模型风险评估模型成本效益模型	内涝风险减少率适应措施经济效益比满意度（风险减少率达 70% 以上为成功）

四、SUIM 模型架构

如前文所述，RDM 模型中的关系模型是该理论框架的重要组成部分，是连接不确定性因素、适应措施以及目标评价的桥梁。通常 RDM 研究中的关系模型存在多个并列的子模型，常见子模型包括水文模型、系统动力学模型、人口经济预测模型以及损失评估模型等。子模型可以表征不确定性度量，也可以用于分析适应措施在不同情景下的性能。这些子模型的输入来源多样，模型间耦合度低，易导致模拟过程出错并且计算效率低下。因此，如何优化多源模型的低耦合与低并发是拟解决的关键技术问题。

为了解决多模型、多情景、计算量大的问题，研究开发了 SUIM 模型。该模型在 SCS-CN 模型的基础上重构了模型架构，耦合了包括模型模拟、淹没结果统计分析与风险评估以及适应措施评估在内的多个子模块和处理流程，极大地优化了模型运算效率和处理能力，为内涝风险减少率以及适应措施经济效益分析提供了便捷的工具。SUIM 模型总体流程架构如图 2-11 所示。

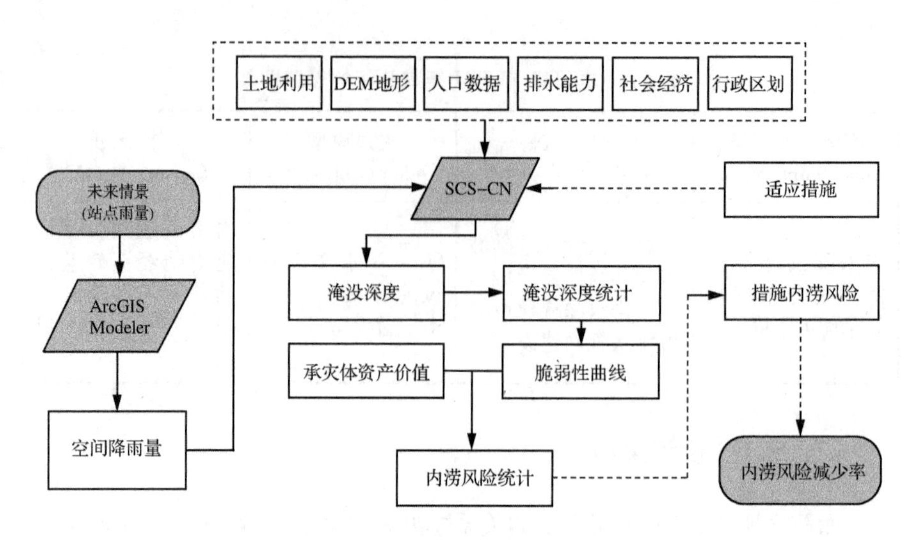

图 2-11　SUIM 模型流程架构

（一）未来情景预处理模块

本研究中的 SCS 水文模型基于 Fortran 语言开发，由降雨量文件输入，输出淹没模拟结果，文件格式默认为 ASCII 二进制格式。而情景模拟数据以表格形式储存，无法直接在 SCS 模型中运行。因此，要先在 ArcGIS 实现投影定义、空间插值、栅格裁剪和格式转换等预处理流程。为了简化流程，本研究利用 ArcGIS Model Builder 编译多情景未来数据的自动化处理流程，实现从文本数据到 SCS 模型可读取的 ASCII 文件的批处理。ArcGIS Model Builder 批处理流程如图 2-12 所示。

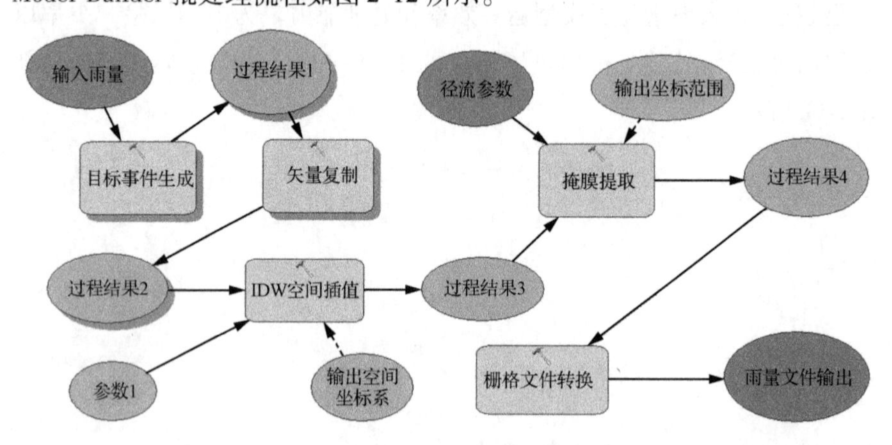

图 2-12　基于 ArcGIS Model Builder 的数据自动化预处理流程示意图

将基于批处理结果得到的100个情景降雨ASCII文件分别导入SCS模型中，模拟分析得到未来上海市暴雨内涝情况。

（二）淹没统计分析模块

按照平均淹没深度、90分位淹没深度两个指标统计研究区内的未来各情景下的内涝淹没情况，并将结果文件输出。

（三）风险评估模块

结合承灾体资产价值、不同承灾体脆弱性曲线，分别计算不同情景下的内涝风险分布，并统计其损失值，将文件结果输出。

（四）措施评估模块

在模型中参数化表达不同适应措施，重新模拟措施情景下的内涝淹没情况和内涝风险分布，并将结果与其对应的未来情景对比，从而计算风险减少率，并将结果文件输出。

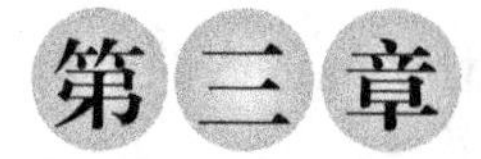

第三章 情景构建与淹没分析

上海易遭受流域洪水、区域暴雨、台风、高潮位等多重威胁，未来气候变化的加剧，将可能增大台风和风暴潮等自然灾害发生的概率，加剧内涝灾害的威胁。长江流域增温及降雨的增加，将导致径流明显增多，加上水土流失导致长江中上游地区的河床抬高。在未来台风和梅雨期降雨量可能增加的情况下，上海区域更容易出现城市内涝灾害，并且出现百年一遇甚至千年一遇洪水事件的可能性增大，内涝、台风及其引发的风暴潮灾害的影响将进一步加剧。

由于未来极端暴雨的强度可能会继续增加，且伴随着城市化进程的加速，上海市空间雨量的变化也愈发呈现出城市中心与郊区的增长差异，表现为更显著的“雨岛效应”。本研究选取极端强降雨事件的雨量变化和空间雨量分布的变化作为气候不确定性因子。受气候变化、海平面上升、地面下降和极端风暴潮等多重水文和社会环境的影响，上海市在极端风暴潮期间的排水能力有所下降。因此，本研究拟选取三个不确定性因子构建未来不确定性情景，分别是未来降雨的不确定性（α）、城市雨岛效应（β）和排水能力下降（γ）。

第一节　不确定性因子

一、未来极端降雨

（一）未来降雨预估

全球气候模式（global circulation model，GCM）和区域气候模式（regional circulation model，RCM）被广泛应用于未来全球尺度和区域尺度的降雨预测。但受排放情景、气候变化不确定性因子以及模型间的差异等因素的影响，模型对降雨能力的预测存在较大的差异，尤其是在精细尺度的降雨预测结果方面。尽管如此，近年来也有许多 DMDU 研究考虑使用 GCM 和 RCM 的集合预报模式构建未来不确定性情景。

IPCC AR5（第 5 次评估报告）的气候预测结果显示，未来夏季季风降雨以及极端台风会增强。特别是 CMIP5 集合预报结果显示，在上海及其周围地区从 2046 年到 2065 年的 4 月至 9 月期间，降雨量的变化范围为 0% ~20%。

由于气候模式对降雨的预测结果存在较大不确定性，尤其是极端降雨的预测在模型和情景之间存在很大差异。因此，未来降雨预估需要考虑历史极端降雨趋势的分析以及精细化的区域气候模型的情景预估。通过未来排放情景和区域气候模型的模拟结果与观察到的历史趋势相结合，可以初步评估未来极端降雨的不确定性范围。对未来降雨的预估从以下两方面进行考虑。

首先，Chen 等人（2017）评估了高分辨率的每日缩减数据集，美国国家航空航天局全球逐日数据降尺度计划（NASA earth exchange global daily downscaled projections，NEX-GDDP）在中国的性能。该数据集基于 RCP 4.5 和 RCP 8.5 排放情景在 21 个 CMIP5 的 GCM 模型模拟，并于 2015 年 6 月由美国国家航空航天局（NASA）发布。该评估表明，NEX-GDDP

能成功再现中国极端降雨的空间格局，其结果比 GCM 全球环流模型更接近观测结果。NEX-GDDP 数据集的高分辨率使其能够对长三角地区极端降雨的未来变化进行案例研究，其中 9 个网格覆盖了上海（不包括崇明岛）。案例研究表明，预计到 2050 年，每年的最大五天降雨量（r×5 d）和年度最大的单日降雨量（r×1 d）的增加幅度都将在 8% ~20%。

其次，吴蔚等人（2018）基于 1961—2015 年上海徐家汇站的 8 个 GCM 和每日降雨记录，使用累积分布函数变换（CDF-T）方法预测上海中心城区气象观测站点的日降雨量。结果表明，到 2080 年，徐家汇站的暴雨（降雨量 >50 mm/d）增加的上限为 18%。

（二）降雨预估不确定性因子

PGW 方法是利用区域模式的初始场和边界场叠加气候变暖信息来研究气候变暖背景下极端天气事件强度和结构变化的方法，也有学者使用 PGW 方法对未来极端气候事件进行重现模拟。历史时期 PGW 方法的模拟试验是使用观测再分析资料驱动区域气候模式，模拟结果比较接近观测结果，同时也可重现历史极端个例在未来变暖环境下的情况。由于 PGW 方法仅考虑单一情景，未能考虑气候情景的不确定性，因此不适用于本研究中多情景构建的方法。

英国气象局哈德莱中心研发的 PRECIS（providing regional climates for impacts studies）模型代表“为影响研究提供区域气候预测”。该模型旨在为研究人员构建其感兴趣区域的高分辨率气候变化方案。RCP 4. 5 排放情景假定 2100 年将辐射强迫稳定在 4. 5 W/m^2（约 650 ppm CO^2 当量）。在此前研究基础上，本研究运用 PRECIS 2. 0 区域气候模式方法预测未来降雨，分别在基准气候态的 1981—2010 年和 2041—2060 年的 RCP 4. 5 情景下运行，并生成空间分辨率为 25 km 的数据集。考虑到未来极端降雨的变率和 PRECIS 模拟的结果，本研究设定在 2050 年的极端降雨期间，降雨量将增加 7% ~18%。为模拟气候变化背景下上海市未来强降雨事件的影响，以 2013 年 9 月 13 日的暴雨事件为基准，在未来气候情景下模拟该暴雨事件过程雨量。

$$P' = (1 + \alpha)P \tag{3-1}$$

P'为未来雨量，P为“9·13”雨量，α为未来雨量增加区间（7%～18%）。

二、城市雨岛效应

针对城郊显著降雨差异现象，有诸多学者开展了上海市城市雨岛效应的研究工作。有研究基于历史降雨资料发现1960—1999年期间，上海市城区和郊区降雨出现显著差异，城区的降雨增长率为郊区的1.5倍，多年呈增加的趋势。曹琨等人（2009）的研究结果表明，上海城市气温和降雨变化基本一致，城区、郊区降雨存在显著差异，雨岛效应主要集中于5—10月汛期，在21世纪城区、郊区降雨差距有缩小趋势。

Liang和Ding（2013）开展了极端强降雨的时空变化及其与城市化效应的研究，认为徐家汇站每小时最大降雨的长期年度变化显示出明显增加的趋势（>95%置信度），趋势为每10年2.72 mm/h。此外，该变化在快速城市化时期（1981—2010年）尤为明显，趋势为每10年6.60 mm/h。自1916年以来，上海年最大降雨量的99.9%极值空间分布表明，市中心的最大降雨量约为110 mm/h。与此形成鲜明对比的是，郊区雨量站的变化趋势尚不明确，在某些情况下甚至略有减少。

（一）未来城市雨岛效应不确定性评估

在气候变化评估的文献中很少有关于城市雨岛效应的预测，对于未来城市雨岛效应的预估，一方面需要考虑历史空间变化趋势，另一方面需要调研相关研究部门，结合专家意见进行知识共创。通过与上海市气候中心的气候预测专家的讨论，认为随着城市化进程的发展，未来城市雨岛效应将会持续上升，但趋势将会减弱。基于快速城市化时期的城区降雨增加趋势估算，在未来的30～40年中，每小时最大降雨量将增加到19.8～26.4 mm，每小时最大极端值可能会增加18%（19.8/110）～24%（26.4/110），这可以认为是上海市中心区域（徐家汇站和浦东站）雨量增幅的上限。考虑到未来极端降雨的不确定性，采用每10年2.72 mm/h作为雨岛效应的下限。在这种情况下，未来2050～2060年每小时最大值将增加到8.16～10.88 mm，增幅约10%。因此，研究区内雨岛效应导致极端降雨增加的上下限不确定性区间为10%～20%。

（二）雨岛效应不确定性因子

由前文上海市140年的降雨观测数据可知，年降雨量没有明显的增加或减少趋势，由于城市雨岛效应导致的空间降雨不均匀分布，预计未来更多的降雨将会发生在上海市中心城区。因此，本研究假设在降雨量一定的情况下，空间雨量分布趋势表现为城郊减少、城区增加，即研究区域（上海市外环内）以外降雨量会一定程度减少，研究区域以内（上海市外环内）幅度会相应增加。具体雨量变化计算方法如下：

$$\left.\begin{aligned} A_{in} &= A_{in1} + A_{in2} \\ A_{out} &= A_{out1} + A_{out2} + \cdots + A_{out9} \end{aligned}\right\} \tag{3-2}$$

$$\left.\begin{aligned} G_{in'} &= (1+\alpha)(1+\beta)G_{in} \\ G_{out'} &= (1+\alpha)(1-\lambda\beta)G_{out} \end{aligned}\right\} \tag{3-3}$$

$$A_{in}G_{in} = \lambda \times G_{out}A_{out} \tag{3-4}$$

A_{in}和A_{out}为外环内和外环外雨量的“9·13”过程降雨总量，λ为比例系数。$G_{in'}$和G_{in}分别表示外环内模拟和实况雨量，$G_{out'}$和G_{out}表示外环外模拟和实况雨量。其中，外环内的为徐家汇站（G_{in1}）和浦东站（G_{in2}）共2个自动站，其他9个自动站（G_{out1}至G_{out9}）分布于外环外。β为雨岛效应不确定性区间，在总雨量保持不变的情况下，空间雨量由郊区9个自动站（β_2）向中心2个自动站（β_1）转移。

综上，城市雨岛效应导致中心城区自动站的增幅为10%～20%（β_1），经计算，郊区站点雨量将略有减少，降幅为-0.076%～0.038%（β_2）。

三、城市排水能力

（一）极端事件导致防汛标准降低

自20世纪中期以来，黄浦江苏州河口的最高潮位呈现不断抬高趋势，在五六十年代达到了4.65 m，在七八十年代达到了5.22 m。1997年受到11号台风影响时最高潮位达到5.72 m（警戒水位为4.55 m），高出外滩地面2.5 m。未来随着气候变化导致海平面上升、极端风暴潮可能出现，会进一步加剧上海市防洪除涝的压力。

随着太湖流域治理工程的实施，流域防洪能力有了较大提高，但近年来依然多次出现超过警戒水位的汛期。黄浦江是太湖流域的主要泄洪通道，未来受区域降雨影响，上游洪水下泄速度加快、瞬时流量增多，可能对上海造成较大的威胁。风、暴、潮、洪可能单一发生，但更常见的是相伴而生、重叠影响。当黄浦江下游遭遇天文大潮的水位顶托和台风风暴增水时，正值上游洪水下泄，这将导致河道水位持续高涨。若叠加城市暴雨，势必将形成严重内涝，给上海市带来极大的安全隐患。因此，“三碰头”“四碰头”等极端事件的威胁始终是上海面临的重要问题，更是防汛工作的重中之重。

（二）极端事件引发排水能力降低

上海多年来一直遭受地面沉降的问题，这主要是由于地下水的过度抽取和高层建筑数量的增加。人为城市地面沉降与全球变暖引起的海平面上升相叠加，将加剧极端降雨的影响，并降低排水系统的容量。过往研究预测，上海市地表下沉的速率为 8 ~ 10 mm/年，而未来海平面上升速率约为 3.1 mm/年。至 2050 年，地面沉降高度叠加海平面上升的高度可能使海平面相对上升 50 cm，这将使目前的河堤和排水系统容量减少 20% ~30% 。

全球气候变化及海平面上升导致城市的短历时强降雨增加、沿海风暴潮频率与强度增加，以及下游高潮位顶托加剧等因素，这些因素共同作用使上海的管网和泵站的排水能力减弱，原有的设计标准降低，排水的难度将进一步加大，加剧了内涝灾害发生的频率。上海市区的防汛墙按千年一遇标准设计，如果海平面上升 50 cm，千年一遇的高潮位将达 6.36 m，不仅防洪墙会出现危险，还将削弱市区排水能力的 20% 。

因此，综合以上分析，考虑到受未来城市地表下沉、海平面上升、高潮位、登陆台风及上游洪水的叠加影响，本研究假设上海市地下管网系统未来排水能力将减少 0% ~50% 。

第二节　抽样方法与不确定性情景构建

一、拉丁超立方体抽样

拉丁超立方体抽样（latin hypercube sampling，LHS）是一种多维分布的抽样方法，通常用于进行大量多次的计算机模拟。该方法最早由 McKay 于 1979 年提出。拉丁超立方体抽样方法结合了随机抽样和分层抽样的优点，旨在节省样本数量减少迭代次数，从而节省计算资源。该抽样方法的关键是对输入概率分布进行分层，分层在累积概率尺度（0－1）上把累积曲线分成相等的区间。

拉丁超立方体抽样的特征为：① 相对于单纯的分层抽样，拉丁超立方体抽样容易产生任何大小的抽样数目且对样本数量的节省非常显著，因此在抽样效率和运行时间方面有天然优势；② 拉丁超立方体抽样使用“抽样不替换”，其累积分布的分层数目等于执行的迭代次数，即每个分层都有一个样本被取出，一旦样本从分层被抽取之后，这个分层将不再被抽样；③ 拉丁超立方体抽样要求保证变量间的随机性和独立性，通过为每个变量随机选择抽样的区间来实现，从而避免了变量之间的无意相关；④ 输入概率分布中包含低概率事件，通过强制模拟中的抽样包含偏远事件，确保小概率事件在模拟的输出中也可以被覆盖。

拉丁超立方体抽样的步骤是：将每一维度分成互不重叠的 m 个区间，使得每个区间有相同的概率（通常考虑均匀分布，确保等长区间抽取样本）；在每个维度的 m 个区间中分别抽取一个点；再从 n 个维度里随机抽取上一步抽取的点，将它们组成向量。

考虑到未来气候变化情景的不确定性是多维的，为了实现未来情景抽样的均匀性、保证各随机变量的随机性和独立性，以及极端事件和温和事件的全覆盖，本研究拟采用拉丁超立方体抽样对未来情景进行抽样。

二、不确定性情景构建

（一）“9·13”强降雨事件

受高空槽东移影响，2013 年 9 月 13 日，上海市崇明、宝山、嘉定、浦东、闵行、市区先后出现强对流天气导致的强降雨过程。“9·13”强降雨过程表现出降雨强度大、影响时段集中、降雨局地特征明显的特点。①降雨强度大。9 月 13 日，浦东站 60 分钟最大降雨量达 130.7 mm，打破该区原有历史记录（108.8 mm，1985 年 9 月 1 日川沙站）。② 影响时段集中。本次强降雨过程影响时段集中，主要发生在 13 日的 15 时至 17 时，其中仅在 16 时浦东新区和中心城区有 27 个自动站每小时降雨量超过 50 mm，其中 4 个自动站每小时降雨量超过 100 mm。③ 降雨局地特征明显。该强降雨过程主要影响浦东、中心城区和松江等区域。浦东区气象站日降雨量为 141.2 mm，达到大暴雨标准，徐家汇出现 71.5 mm 的暴雨，奉贤、金山等站没有出现降雨。

“9·13”降雨过程的特点是短时间内降雨量集中，导致浦东、黄浦、杨浦、长宁等地区的 80 多条（段）道路短时积水达 200～500 mm，部分老小区内道路积水 100～300 mm。而该降雨过程正逢交通高峰时段，给地面交通带来了严重影响。浦东主干道世纪大道路段积水没过车轮，造成了汽车抛锚和交通瘫痪。同时，上海地铁多条线路也因暴雨影响无法正常运营，造成车站内乘客大量滞留。

“9·13”强降雨事件对城市安全造成了较为严重的影响和损失，其降雨强度远超城市排水标准，是造成内涝灾情的主要原因。未来，若发生台风、暴雨和天文大潮“三碰头”甚至“四碰头”的极端情景，将会引起严重的灾害损失，给城市防汛安全带来极大威胁。

（二）未来情景构建

研究基于“9·13”强降雨事件，根据 3 种不确定性因子预估结果，厘清了未来影响上海市极端内涝情景的不确定性因子指标及变率区间，结果如表 3-1 所示。

表 3-1 不确定性因子与变率区间

不确定性因子	变率区间（2050 年）
未来降雨的不确定性（α）	（α）增加 7% ~18%
城市雨岛效应（β）	（β）城区增加 10% ~20%
排水能力下降（γ）	（γ）增加范围为 0% ~50%

使用拉丁超立方体抽样方法，结合不确定性因子及其变率区间，在 3 种不确定性因子（三维向量）分层空间里均匀抽取 100 个样本。通过在 Python 环境中调用拉丁超立方体抽样方法，对三维向量均匀抽样，实现 100 个情景的创建。选取情景 1 为示例情景，结果展示如下（表 3-2）。

表 3-2 情景模拟与不确定性因子（情景 1）

ID	"9·13"雨量 /mm	α	β_1	γ	β_2	模拟雨量 /mm
1	71.4	0.098	0.133	0.003	-0.051	88.8
2	20.2	0.098	0.133	0.003	-0.051	21.0
3	8.1	0.098	0.133	0.003	-0.051	8.4
4	0	0.098	0.133	0.003	-0.051	0
5	0	0.098	0.133	0.003	-0.051	0
6	0	0.098	0.133	0.003	-0.051	0
7	3.2	0.098	0.133	0.003	-0.051	3.3
8	35.1	0.098	0.133	0.003	-0.051	36.6
9	0	0.098	0.133	0.003	-0.051	0
10	141.2	0.098	0.133	0.003	-0.051	175.5
11	0	0.098	0.133	0.003	-0.051	0

模拟情景共 100 个，其中，α、β、γ 为每一种情景下的不确定性因子的取值。ID 为自动站的编号，其中 ID =1 和 ID =9 分别代表龙华站和浦东站（研究区内站点）。"9·13" 雨量为基线情景真实雨量，模拟雨量则为该情景下自动站的模拟雨量。100 个模拟情景结果显示，各雨量情景的雨量差异较为明显。以浦东站和龙华站为例，在雨量最温和的情景下，3 h 累积雨量分别为 167 mm 和 82 mm；在雨量最极端的情景下，3 h 累积雨量分别为 200 mm 和 102 mm。

下表分别列举了3种代表性情景的具体参数（表3-3），根据3 h累积雨量大小判断，情景3代表中等情景，情景11代表极端情景，情景53代表温和情景。后文将以3种典型情景为案例进行分析。

表3-3 代表情景及不确定性因子参数

情景编号	站名	α	β_1	γ	β_2	雨量（mm/3 h）
3	龙华	0.16	0.18	0.18	-0.071	98.3
3	浦东	0.16	0.18	0.18	-0.071	194.4
11	龙华	0.17	0.19	0.46	-0.073	99.91
11	浦东	0.17	0.19	0.46	-0.073	197.6
53	龙华	0.07	0.12	0.04	-0.046	85.6
53	浦东	0.07	0.12	0.04	-0.046	169.3

第三节 内涝模型建模与模型验证

一、SCS模型简介

SCS模型是20世纪50年代初美国农业部水土保持局研制的小流域设计洪水模型，其设计初衷是在水土保持工作中估算径流。SCS模型是目前应用比较广泛的一种用于计算农业流域、森林和城市地区地表径流的方法。发展至今，SCS模型也适用于城市化地区和各种植被覆盖的流域，并成为多种复杂模型的重要组成。SCS主要依赖于流域的产流特性，即土壤类型、土地覆盖类型、耕作方式和前期土壤湿润程度。

由于SCS模型参数简单、数据易得的特性，它得到了广泛的普及和多年的应用。我国关于SCS模型的研究和应用始于20世纪80年代，近年来也被较多地区应用到城市内涝领域。目前，SCS模型也被广泛用于上海内涝模拟研究。本研究选择SCS模型原因如下：① SCS模型考虑下垫面条件并做定量描述，能将下垫面的变化直接反映在降雨-径流的关系中，如增加路面的透水性。② SCS 模型考虑人类活动如土地利用方式、水利工程措施及城市化等对径流的影响，也可以针对未来土地利用情况的变化预估降雨-径流关系的可能变化，还可以将水文模型参数与适应措施进行结合，拓宽模型的应用场景。③ 由于运算效率和运算量的原因，研究也尝试了更复杂的替代水文模型（如商业水文分析软件 InfoWorks ICM），但商业软件在大比例尺的面区域进行 2D 模拟时会占用大量的计算资源，通常模拟时间长，无法满足短时间内对多达 2 000 个情景模拟的要求。④ 商业分析软件通常不支持二次开发，无法实现自动化的批处理流程。这样就无法实现空间降雨数据集-内涝模拟-灾害风险评估-适应措施模拟的耦合模拟。此外，研究也缺少地下管网系统的数据，没有 1D 管网模拟的运行场景也就无从发挥商业水动力软件的精细化模拟能力。

因此，本研究中运用的 SCS 模型综合考虑了城市下垫面的特征（如土壤类型、土壤覆盖类型、耕作方式、前期土壤湿润程度等），将水文模型参数与土地利用数据进行结合。该模型所需参数在城市区域内易于获取，模型整体结构简单、计算过程迅速，既可用于历史暴雨的淹没模拟，又可用于未来暴雨风险评估。此外，使用 SCS 模型可以节省时间和方便建模风险计算。研究基于 Fortran 环境开发 SCS 模块，并将 SCS 模型的模拟结果与其他软件进行验证和对比，在此基础上继续开发风险评估和适应措施等模块，实现 SUIM 综合模拟与评估。

二、SCS 模型产流原理

在降雨径流过程中，城市地表不平整产生的植被截留、雨期蒸发、滇洼、下渗、壤中流和地下径流是主要损失途径。本研究采用美国农业部水土保持局的小流域设计洪水模型 SCS，利用研究区的经验径流系数计算径流量，详细参数说明如下（表 3-4）。

表 3-4　SCS 参数说明

参数	单位	说明
F	mm	产流前实际渗透量
I_a	mm	初损
P	mm	次降雨量
Q	mm	直接径流深
S	mm	降雨前可能的最大渗透量

SCS 模型的建立基于一个基本的假设，即流域集水区的实际入渗量与实际径流量之比等于集水区该场降雨前的最大可能入渗量与最大可能径流量之比，用公式表达为：

$$\frac{F}{Q}=\frac{S}{P} \tag{3-5}$$

对这个假设，国外专家曾在多个自然流域对其产生的径流曲线经过实地的验证。按照水量平衡原理有：

$$P=F+Q \tag{3-6}$$

把式（3-5）和式（3-6）结合，消除 F 后得：

$$Q=\frac{P^2}{P+S} \tag{3-7}$$

当初损 $I_a \neq 0$ 时，有效降雨（产生径流的降雨）需要在此降雨量的基础上扣除初损。

$$\frac{F}{S}=\frac{Q}{P-I_a} \tag{3-8}$$

$$P=I_a+F+Q \tag{3-9}$$

$$Q=\frac{(P-I_a)^2}{P-I_a+S} \tag{3-10}$$

考虑到初损未满足时不产流，得：

$$\begin{cases} Q=\dfrac{(P-I_a)^2}{P-I_a+S}, P \geqslant I_a \\ Q=0, P<I_a \end{cases} \tag{3-11}$$

式（3-11）就是 SCS 模型的计算公式。其中，S 的变化幅度很大，引入一个无因次参数 CN，称为 curve number，已有研究使用图解法将 CN 与

S 建立关系，即：

$$S = \frac{25\ 400}{CN} - 254 \tag{3-12}$$

从 SCS 产流模型的公式中可以看出，CN 值的确定决定了模型模拟的精度。通常当降雨量一定时，产流量较大的土地利用类型、土壤类型及前期土壤湿润程度大的地区，其 CN 值也较大，反之较小。

由于 I_a 不易求得，为了使得计算简化，消去一个变量，引入一个经验关系：

$$I_a = \lambda S \tag{3-13}$$

式中，λ 为常数，SCS 模型中 λ 通常取 0.2，但在城市区域取 0.05。

将 $I_a = 0.05S$ 代入式（3-11），得：

$$\begin{cases} Q = \dfrac{(P - 0.05S)^2}{P + 0.95S}, P \geqslant I_a \\ Q = 0, P < I_a \end{cases} \tag{3-14}$$

该式即为本研究中所用的产流公式，以下对产流模型中的重要参数做说明。关于参数 P 的说明，SCS 模型在设计时没有考虑时间因素的主要原因有：① 考虑到土壤、土地覆盖等条件的影响，缺乏足够可靠的数据来确定土壤渗透能力与时间的关系；② 如果考虑时间的问题，则需要详细的降雨历时分布资料。SCS 模型用于估算某一场降雨产生的径流量，多选用降雨集中、历时在 24 小时之内的降雨事件。本研究的降雨数据包括历史站点的小时降雨数据。

关于模型中参数 Q（直接径流）的含义，目前尚有不同见解。有的研究中认为其是降雨期间及以后的一段时间内流入河槽中的水量，可能包括降落在河槽表面的雨水、地表径流，还有入渗雨水的渗出量（快速的地下径流）。还有研究趋向于描述 Q 为在小流域和干旱地区表示地表径流，而在湿润地区表示直接径流。分析得到的结论是：在湿润地区，Q 包括地面径流、壤中径流、地下径流；在干旱地区，Q 包括地面径流、壤中径流。由于区域产流机制不同，且多种产流方式交替或同时发生的复杂性，清楚地划分 Q 的径流组成并不容易实现。综上结论，本研究应用区域为城市地区，故 SCS 产量中的 Q 为湿润地区成分复杂的直接径流。

三、城市城区径流系数与排水能力

CN 是一个无量纲参数，是流域水文特征、地形、土壤质地、土地利用方式和降雨前的土壤湿润程度（antecedent moisture condition，AMC）的函数，其取值范围为 0～100。*CN* 主要与 3 个因素有关，分别是土地利用类型、土壤类型和前期土壤湿润程度。*CN* 值的大小反映了下垫面条件对降雨-径流关系的影响：*CN* 值高意味着渗透量小、产流量大，反之渗透量大，产流量小。

此外，SCS 模型将前期土壤湿润状况分为干（AMCI）、正常（AMCII）和湿（AMCIII）3 种情况，本研究采用正常土壤湿润条件下的取值。上海市区及近郊地区的城镇土地通常为水泥、沥青等人工硬质地面，为硬化不透水面，*CN* 值为 92 以上；而郊区的耕地、绿地等透水性较好，*CN* 值在 86 以下。本研究定义 *CN* 值如下（表 3-5）。

表 3-5　SCS 模型 *CN* 取值表

用地类型	*CN* 值
工商业用地	95
新式住宅	92
道路广场用地	98
耕地	86
水体	100
绿地	80

在径流计算过程中，城市排水能力也应当被考虑。地下排水管网是城市排水的主要设施，虽然本研究无法获得确切的排水管网信息，但可以假定研究区域集水范围内的排水管网的空间分布与其排水能力相近，并且假设降雨期间排水畅通，且整个空间范围内排水能力一致。本研究以城市城区平均排水量按照一年一遇暴雨设计标准设计作为参考数据。

因此，内涝积水量可以按产流量和城市设计排水量之差，乘以排水单元面积的结果来计算，因此可以利用以下公式得到积水量：

$$W = \sum_{i=1}^{N} (Q_i - V) \times SS \tag{3-15}$$

式中：W 为内涝积水量；Q_i 为研究区内第 i 个排水单元的径流量；V 为排水量（根据城市城区暴雨公式求得）；SS 为排水单元面积；N 为排水单元个数。

综上，模型地采用无源淹没的思路框架，其中主要考虑产流过程和排水过程，简化汇流过程。主要步骤为：① 产流量主要基于 SCS-CN 径流曲线法，针对每个排水单元独立计算；② 模型的排水主要通过嵌入城市市区的暴雨公式实现，按照市区普遍一年一遇的排水管网设计标准，通过设计暴雨公式，计算各排水单元不同历时的设计排水量；③ 最后基于产流量扣除排水量，通过有限体积法迭代，模拟每个网格点的水淹深度，形成城市市区内涝积水分布；④ 由于城市主城区的排水还受到潮位、河道水文的影响，模型中设定高水位阈值参数，当河道水位高于警戒水位时，城区内管网的排水数据会相应减少，最大降幅为 50%；⑤ 根据模拟得到的水淹深度，进行水淹风险统计（图 3-1）。

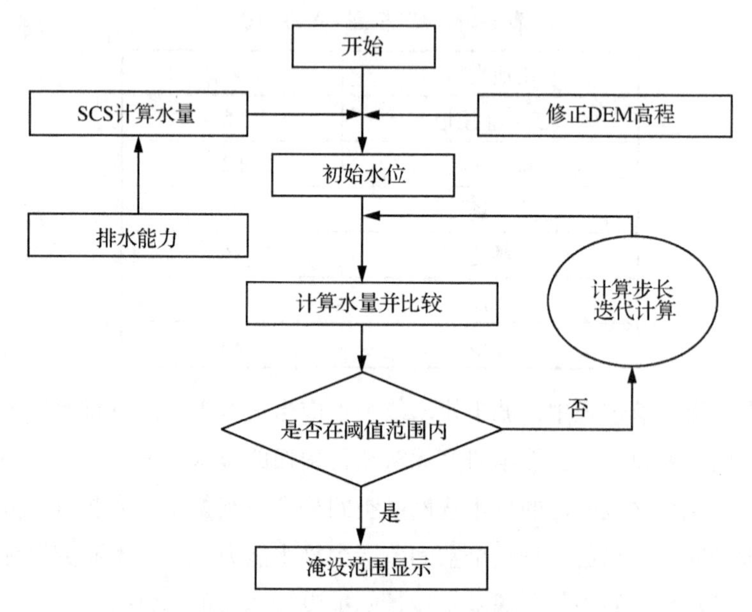

图 3-1　SCS 城市暴雨积涝模型技术流程

第四节 未来情景的淹没模拟与分析

一、SUIM 模型暴雨内涝模拟结果

研究基于“9·13”实况降雨资料，用 SUIM 模型模拟了上海市外环内暴雨内涝的淹没情况（图 3-2）。淹没区域主要集中在黄浦江两岸的黄浦区外滩、杨浦区、静安、徐汇、浦东核心商业、居民住宅地区，也是暴露度最高，人口、商业、旅游景点、金融资产密集的重点敏感区域。

由于中心城区地势相对低洼，加上多年的地面沉降，区域脆弱性进一步扩大。“9·13”暴雨事件造成的淹没最大深度为 841 mm，大部分淹没区域的深度在 150 mm 以上。其中，淹没深度最大即影响最大的区域为浦东世纪大道及世纪公园附近，与灾情实况记录基本相符。

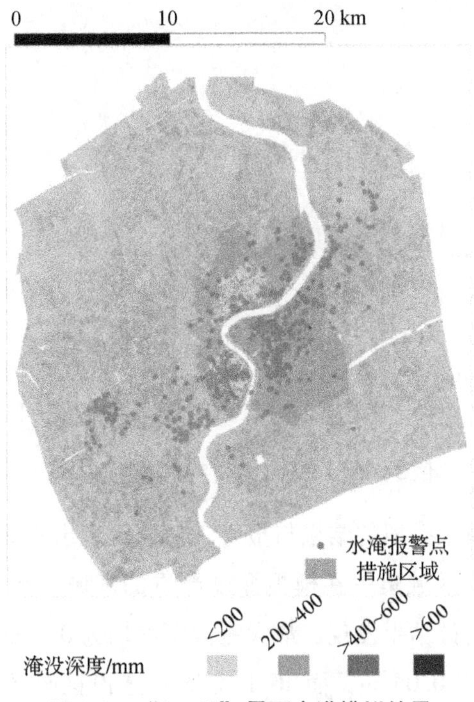

图 3-2 “9·13”暴雨内涝模拟结果

二、InfoWorks ICM 模型验证

InfoWorks ICM 水动力模型来自英国华霖富公司（HR Wallingford），是国际领先专业城市水文模型，其将自然环境和人工构筑环境下的水力水文特征完整地融合在一个综合模型中。该模型首次实现了城市排水管网系统模型与河道模型的整合，通过模拟流域的地上及地下组成部分，精确再现了排水系统中的所有水力路径，为模拟复合内涝灾害的淹没情况提供了有效的技术支撑。

本研究使用“9·13”暴雨期间的“110”报警数据作为模型验证资料。该数据公开报告的内涝信息是由居民上报的，通常包含特定位置和近似水淹深度，因此水深精确度低，故难以用于深度比较。SUIM 和 ICM 两种模型模拟结果对比显示，SUIM 模型的淹没区域相对报警资料的区域较小，这是由于本研究提取了淹没深度为 15 cm 以上的区域，淹没区域的空间分布与报警资料表现出较好的一致性（图 3-3）。

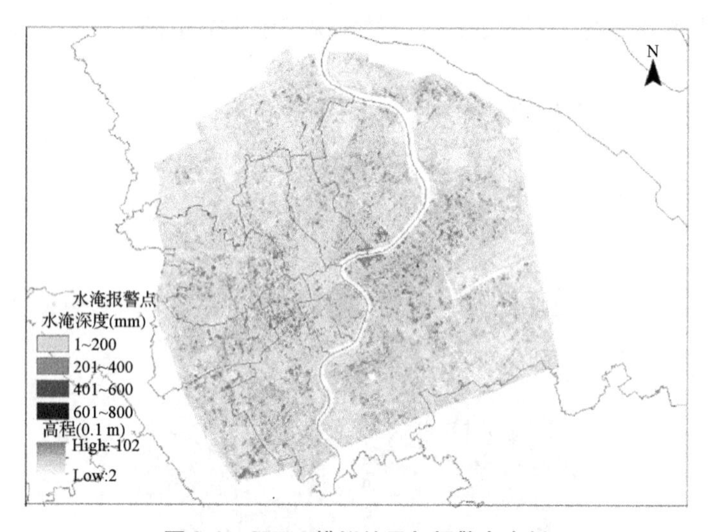

图 3-3　SUIM 模拟结果与报警点资料

同样，ICM 模型模拟的结果与报警资料也展现出较好的空间分布一致性，且报警点密集区域集中在模拟深度严重的区域（图 3-4）。横向对比两个模型的模拟统计结果发现，最大淹没深度均为 0.8 m 左右，研究区平均最大淹没深度为 0.04 m，而 ICM 模型的淹没区域比 SUIM 模型略大

（表 3-6）。

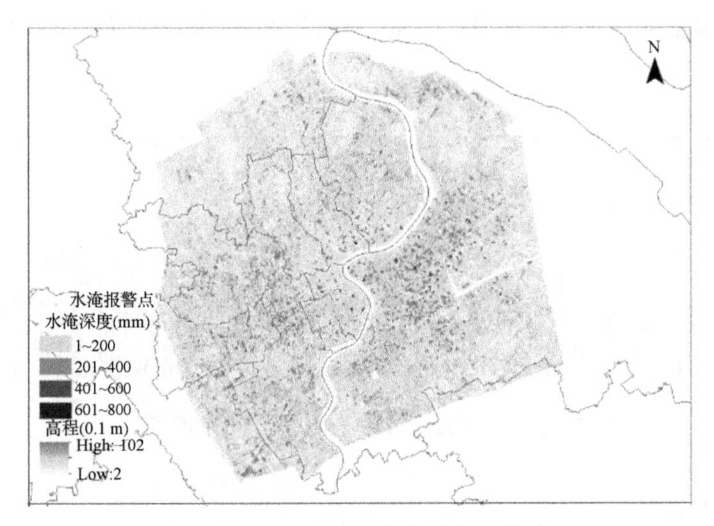

图 3-4　ICM 模拟结果与报警点资料

表 3-6　SUIM 和 ICM 模拟结果的统计对比

模型	淹没面积/km²	最大淹没深度/m	平均淹没深度/m
ICM	21	0.8	0.03
SUIM	20	0.84	0.04

因此，研究表明在上海市中心城区的内涝模拟中，SUIM 可能会在低淹没深度方面存在一定的缺失，但极端内涝情景下的淹没深度具有高可信度，整体模拟结果符合预期。

三、模拟结果统计分析

为了评估适应措施在未来情景下对降低内涝影响与减少受灾人口情况，研究以排水能力增强为例，分别对现有防洪除涝标准（实验 1）和地下管网建设（实验 2）在未来 100 种极端降雨情景下受影响人口数进行对比。

（一）淹没模拟分析

将未来 100 个情景批量导入 SUIM 模型进行模拟，得到了各情景下降雨淹没情况，模型的暴雨内涝统计模块可以基于情景模拟结果对内涝进行空间统计分析。淹没统计指标选取平均淹没深度（图3-5）和90分位的平均淹没深度（图3-6）来模拟不同情景的平均淹没情况和严重积涝区域情况。

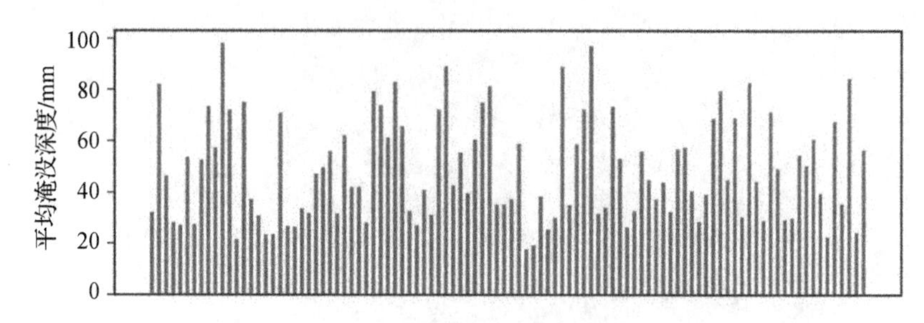

图3-5　未来淹没情景（模拟平均淹没深度）

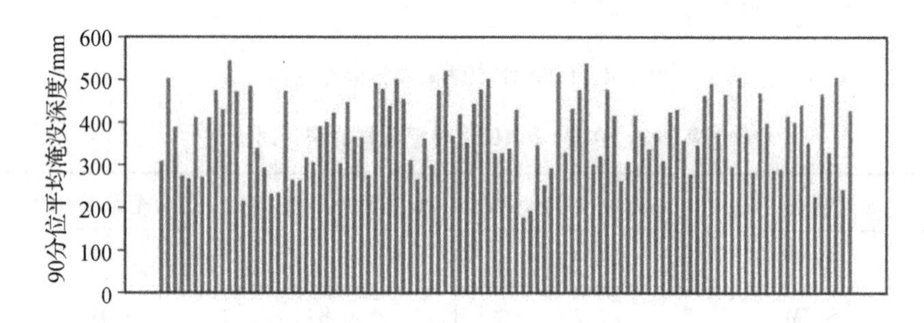

图3-6　未来淹没情景（模拟90分位的平均淹没深度）

根据上图淹没统计可以发现，各情景平均淹没深度和90分位的平均淹没深度的分布一致。其中，平均淹没深度的最大和最小值分别为97.68 mm和17.65 mm；90分位的平均淹没深度的最大和最小值分别为543.2 mm和176.5 mm。值得注意的是，最大值均来自情景11，最小值均来自情景53。对比发现，各情景之间平均淹没深度差异较大，最小值仅为最大值的18%，而90分位的平均淹没深度的差异相对较小，最小值为最大值的32.5%。

依次选取情景11、情景3、情景53为极端、中等、温和3种代表性情景。从空间淹没分布图（图3-7）来看，淹没区域集中在黄浦江沿岸和内环以内的上海市核心商业城市建成区，其范围和深度较“9·13”的实况有着不同程度的增加。横向比较发现，情景11的受灾面积明显大于情景3，且远大于情景53。从淹没深度来看，情景11中浦东区域有较多范围淹没深度在 1 000 mm 以上，情景 3 中较少部分淹没深度在 1 000 mm 以上，而情景 53 的大部分淹没面积都在 500 mm 以下。这说明极端情景不仅受灾面积广，且平均深度深；而温和情景则受灾面积较少，且平均深度浅。但通过观察 90 分位的平均深度可以发现，即使是低淹没场景中受灾最严重的区域仍会有较深的积水(1 m以上)，这意味着在未来情景中，脆弱性较高的区域始终暴露于积水影响下，存在较大的内涝风险。

情景 11、情景 3 和情景 53 的 3 种不确定性因子分别如下（表 3-7）。未来不确定性情景查询显示未来降雨的不确定性（α)、城市雨岛效应（β）及城市排水能力下降（γ）3 个不确定性因子在温和、中等和极端情景中依次升高；但值得注意的是，γ 表现出了更显著的差异性，而其他 2 个因子的差异性不显著。

表 3-7　情景 11、情景 3 和情景 53 不确定性因子对比

情景	α（7% ~18%）	β（10% ~20%）	γ（0% ~50%）
情景 11（极端）	17. 6%	19. 0%	45. 8%
情景 3（中等）	16. 2%	18. 4%	18. 4%
情景 53（温和）	7. 2%	11. 9%	4. 1%

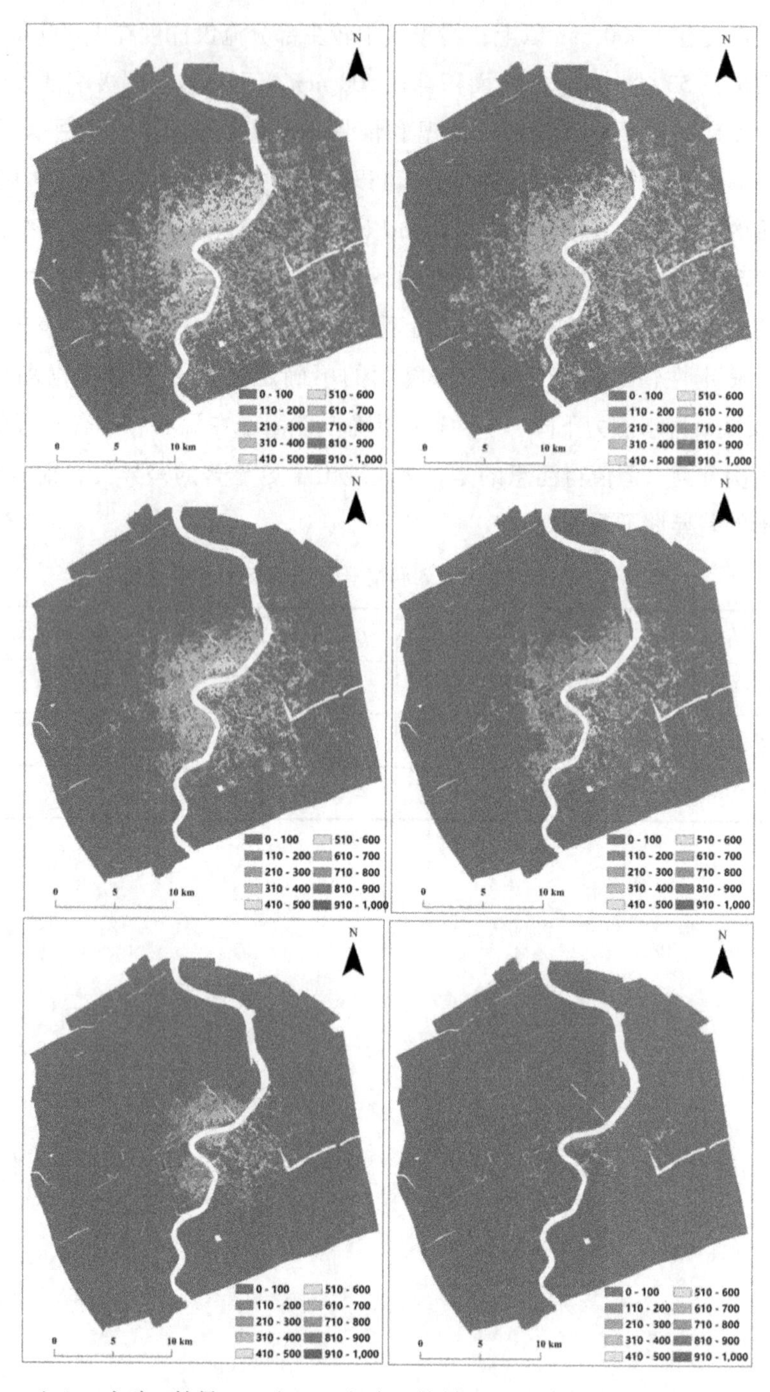

左上：实验 1 情景 11；右上：实验 2 情景 11；左中：实验 1 情景 3；右中：实验 2 情景 3；左下：实验 1 情景 53；右下：实验 2 情景 53。

图 3-7　暴雨淹没面积与深度对比

根据实验1和实验2模拟结果，依次选取温和情景、中等情景及极端情景（情景53、情景3、情景11）作为代表情景。由实验1和实验2对比发现，其最大淹没深度差值分别为354 mm、186 mm、88 mm，平均淹没深度差值分别为14.6 mm、14 mm、7 mm，90分位平均淹没深度差值分别为144 mm、98 mm、34 mm（表3-8）。在温和情景中（情景53），大部分积涝都被消除，淹没较深的区域也得到了一定程度的缓解，说明排水能力的提高对缓解内涝起到有效作用。但值得注意的是，在极端情景（情景11）中，几乎没有积涝区域的减少，淹没的深度也只略有减少，其中平均淹没深度减少率为7%，90分位的平均淹没深度减少率为6%。因此，排水能力的增强仅在中等情景和温和情景中有减少积涝的效果，在极端情景中效果甚微。

表3-8 淹没深度统计（实验1、实验2）

	情景编号	最大淹没深度/mm	平均淹没深度/mm	90分位平均深度/mm	受影响人口数/万人
实验1	11	1 415	98	545	244
实验2	11	1 327	91	511	235
实验1	3	1 313	46	388	140
实验2	3	1 127	32	290	61
实验1	53	1 132	17.6	176	38
实验2	53	778	3	32	7

（二）受影响人口分析

根据各情景下的淹没面积和淹没深度，结合人口数据，求出各情景下受暴雨内涝影响的人口数量。研究定义淹没深度大于150 mm的区域会影响居民的出行并导致房屋进水等问题。因此，我们对淹没区域中淹没深度在150 mm以上的栅格进行了统计分析。人口数来源于街道人口统计数据，利用提取的150 mm以上的栅格统计出受影响的人口数量。具体计算方法为：人口密度（街道人口总数/街道总面积）与受影响区域面积大小（淹没深度150 mm以上栅格面积）的乘积，然后汇总受淹区域面积的人口即为该情景下受影响人口总数，结果如下：

$$P_{all} = \sum_{i=1}^{N} P \times \frac{x_i}{S} \tag{3-16}$$

其中，P_{all}为受影响人口总数，P 为街道人口数，x_i 为淹没深度大于 150 mm 的栅格面积之和，S 为街道面积，N 为事件场景集。

统计发现，实验 1 中受影响人口数与平均淹没深度的分布基本一致。最大受灾情景 11 的受影响人数约为 244 万人，最小受灾情景 53 的受影响人数约为 38 万人（图 3-8）。实验 2 中，受影响人口数与平均淹没深度的分布基本一致。情景 11（极端情景）的受影响人数约为 235 万人，最小受灾情景 53 的受影响人数约为 7 万人（图 3-9）。由于受影响人口与灾害损失呈正相关关系，本研究在其他实验中仅分析灾害损失减少率，不再涉及受影响人口的具体分析。

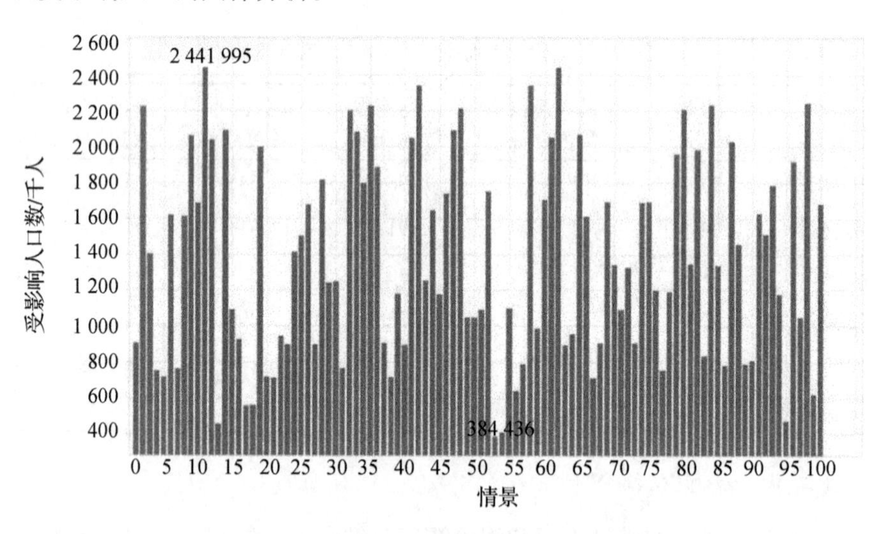

图 3-8　不同情景下受影响人口数（实验 1）

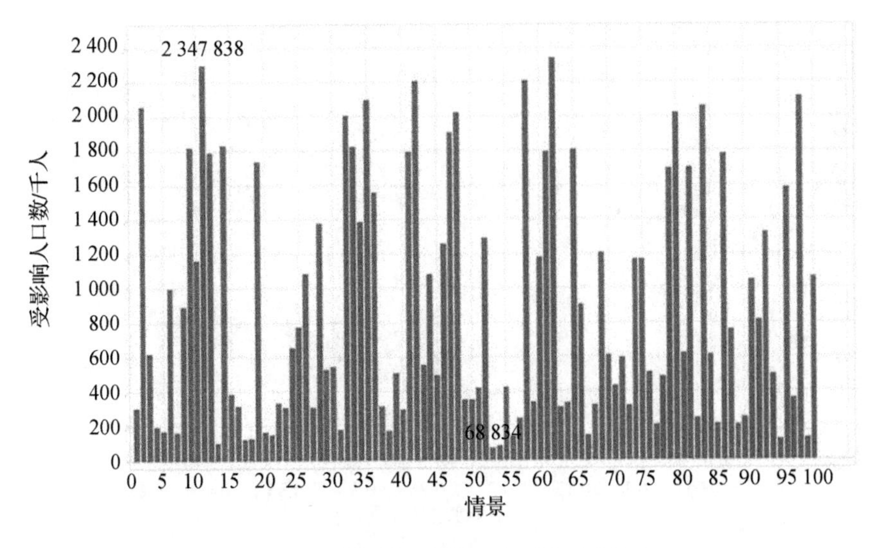

图 3-9　不同情景下受影响人口数（实验 2）

四、相关因子探索

（一）相关因子分析

在未来内涝情景下，研究区域始终存在积涝现象。情景的雨量和分布的不同，导致了不同的淹没状况。未来情景由 3 种不确定性因子的变率区间随机抽样组成，为了探寻 α、β、γ 3 种不确定性因子中的显著影响因子，利用平均淹没深度和 90 分位的平均淹没深度 2 个指标与 α、β、γ 分别进行相关性分析。结果发现，α、β 与这 2 个指标之间无明显相关性，而 γ 与这 2 个指标之间具有较好的正相关性。散点图（图 3-10）清晰地显示了随着 γ 的增加，平均淹没深度和 90 分位的平均淹没深度均逐渐上升，表明排水能力下降（γ）是影响淹没深度的显著因子。

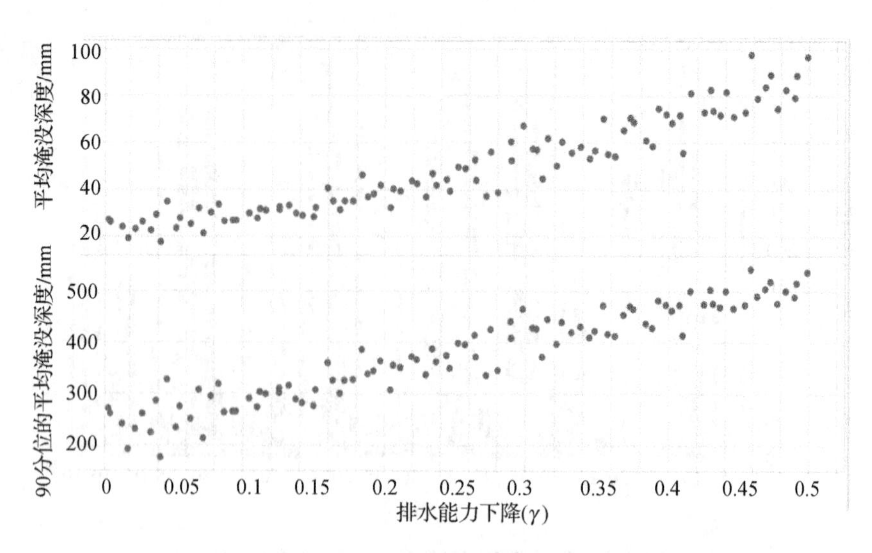

图 3-10　平均淹没深度和 90 分位的平均淹没深度与排水能力下降（γ）的关系

（二）PRIM 分析

1．方法简介

情景探索是一种有效方法，可以发现比其他因子更显著的影响结果的不确定性因子组合。分析结果可以帮助决策者识别关键的不确定性因子或组合，以及何种不确定性因子可以较为安全地忽视。病人归纳法则（patient rule induction method，PRIM）是一种交互式统计聚类查找算法，可在一个超维空间中找到一个或多个子空间或“场景”，其中每个框内感兴趣点的数量和密度高于框外空间。作为一种探索分析类工具，PRIM 被广泛应用于 DMDU 中，用以探索需要避免的脆弱性情景，如与高淹没深度贡献度相关的不确定性因子及相关的脆弱性情景。PRIM 方法用 3 个参数表征子空间。

覆盖度（coverage）：在所有数据库中划出一个子空间，子空间内脆弱性情景占总情景的比例。理想状态下，子空间涵盖总情景中的所有脆弱性情景，其覆盖度为 100%。

密度（density）：子空间中脆弱性情景的占比。理想状态下，子空间中所有的情景均为关注的脆弱性情景，即密度为 100%。

可解释性（interpretability）：使用者理解子空间中信息表达的简易度。

不确定性因子的数量通常作为可解释性的度量标准，即描述子空间的不确定性因子的数量越低，可解释性越强。

3 种指标通常高度关联，如增加密度往往会导致覆盖度和可解释性下降。因此，PRIM 方法会生成一系列的子空间及其权衡曲线，用于帮助使用者选择最佳的覆盖度、密度和可解释性组合，以满足应用的需要。

2. PRIM 结果分析

基于上文研究结果，平均内涝淹没深度与排水能力下降（γ）的增加具有较为明显的正相关性。为了验证损失因素和不确定因素之间的线性相关性假设，本研究采用 PRIM 方法来识别基线情景中无法满足未来场景中降低风险目标的脆弱性情景。

这项工作是在基于开放源代码的 Python 环境中完成的。研究区提取出各情景中平均淹没深度大于 150 mm 的淹没区域。将 3 种不确定性因子和平均淹没深度分别导入封装好的 PRIM 模型，其中关键参数使用平均淹没深度大于 150 mm 的情景。

PRIM 结果显示，γ 的增加（排水能力不断降低）最能够解释脆弱性情景，而其他两个因素与淹没深度之间则没有显示出明确的线性关系。该源码模型提供了可交互的查找框模块，用以探索感兴趣案例的框，其算法自动查找覆盖度和密度的轨迹，且可以分别查看每个轨迹的覆盖率和密度之间的权衡关系。轨迹的右上框（Box 7）显示覆盖率（98.5%）和密度（95.6%）均为高值，该框体很好地解释了平均淹没深度大于 0.2 m 时脆弱性产生的原因（图 3-11）。随着框体轨迹不断移动，γ 的取值区间在 0.162～0.499（最大值），解释了 98.5%（覆盖度）的平均淹没深度大于 150 mm 的情况（图 3-12），表明随着 γ 的增加，平均淹没深度不断增大。

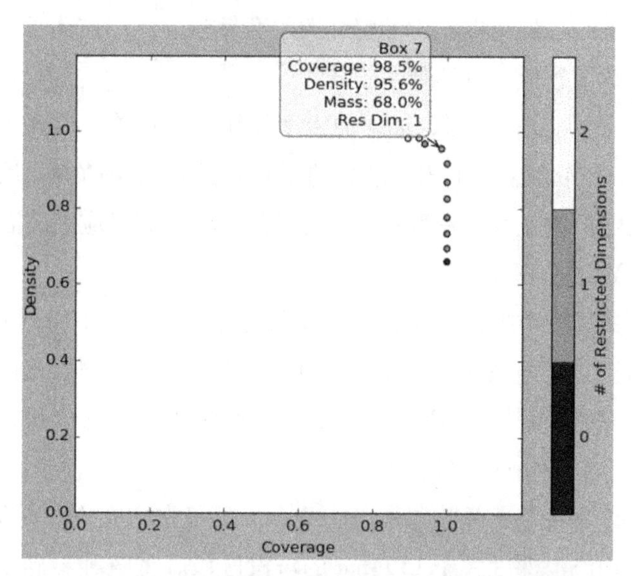

图 3-11　显示覆盖率和密度之间权衡关系的轨迹

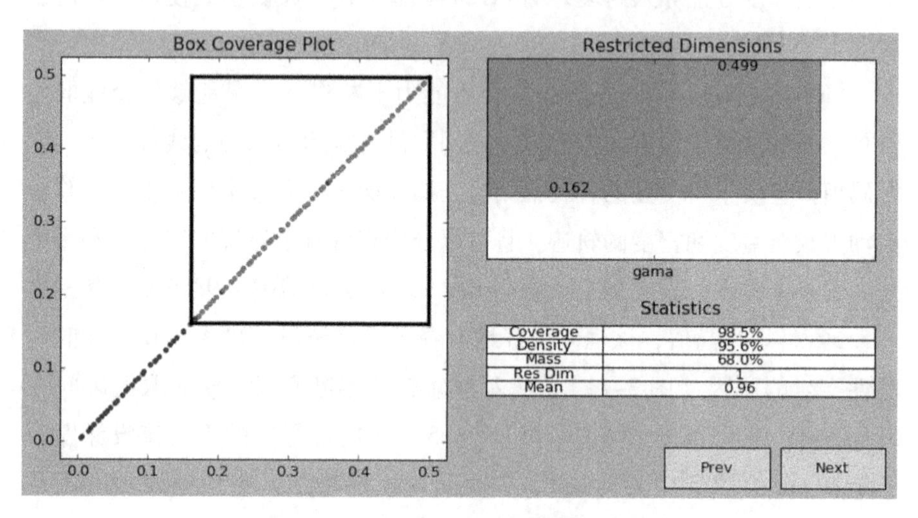

图 3-12　框体内详细参数和覆盖范围

第五节　情景构建与淹没分析的小结

“9・13”暴雨实况模拟显示，上海市中心城区面临严峻的内涝风险，主要淹没区域集中在黄浦江两岸的黄浦区外滩、杨浦区、静安、徐汇和浦东的核心商业、居民住宅地区。这些地方也是人口和商业资产密集的重点敏感区域。由于中心城区地势相对低洼，加上多年的地面沉降，区域脆弱性进一步扩大，积水严重。未来极端情景受灾面积广，淹没深度最大可达1 415 mm，比“9・13”暴雨实况的最大淹没深度（670 mm）多745 mm，淹没面积增加了62%。而未来温和情景受灾面积较少，平均淹没深度较浅。未来各情景90分位的平均淹没深度结果显示，即使是在温和情景中，市中心严重受灾区域仍会有较深的积水（1 m以上），这意味着未来市中心脆弱性较高的区域始终暴露于积水影响下，存在较大的内涝风险。

未来雨量增加和城市雨岛效应对上海市中心城区内涝贡献度相对较小，主要影响因子仍然是地下管网排水能力不同程度的下降，相关性分析表明γ增加与平均淹没深度有较好的线性相关性，可以解释98.5%平均淹没深度大于0.15 m的情景，对应的取值区间在0.162～0.5。这表明城市暴雨内涝灾害产生的原因主要在于城市排水管网排水能力下降后导致的雨水无法下泄并逐渐形成的路面积涝。这一结论与其他相关研究的结论基本相符，也符合本市暴雨内涝致灾的基本情况。如2015年6月18日，上海市遭受强降雨袭击，包括复旦大学、同济大学在内的高校变泽国，均因为邻近河道水位高涨几近外溢至路面，地下管网系统无法将路面涝水外排所致。结合未来气候情景的预估可以推测，未来海平面的上升、极端暴雨、天文大潮及风暴潮的叠加会引发黄浦江下游的高水位顶托效应，导致路面积水无法外排，势必将进一步加剧内涝风险。因此，在进行RDM的适应对策定量评估时，考虑到城市主要脆弱性来源，对策将着重关注两个方面，即对地下管网排水自身排涝能力的提升和减少排水能力下降对中心城区内涝的影响。

第四章 内涝灾害风险评估

气候变化深度不确定性情景下，城市内涝风险表现出较大的差异，需要通过风险建模定量评估不同情景下的内涝风险。本研究运用稳健决策方法，定义关系模型为 SCS-CN 水文模型、风险评估模型和成本效益模型，连接不确定性因子与适应措施。其中，内涝风险模型是重要的关系模型，是连接风险与适应的桥梁。本章采用致灾因子、暴露和脆弱性“三要素”构建内涝风险评估模型，通过对承灾体资产价值评估可以计算空间上的资产暴露，结合未来极端情景的致灾因子和脆弱性曲线，可以计算未来各情景下内涝风险水平。

第一节 风险评估模型与内涝风险评估模型建模

一、风险评估模型

灾害风险是致灾因子（hazard）、暴露（exposure）和脆弱性（vulnerability）三个要素共同作用的结果。暴露描述受灾害风险影响的承灾体范围和数量，脆弱性则描述承灾体在特定类型和强度的致灾因子作用下可能遭受的损失程度。根据灾害风险模型，ISO 导则中建议的灾害风险评估方法为：

$$风险(R)=致灾因子(H)\times暴露(E)\times脆弱性(V) \tag{4-1}$$

需要注意的是，公式（4-1）只是一个概念模型，并不是真正的数学公式。在风险分析中，通常会根据这一模型构建指标体系，估算灾害风险指数，或基于这一模型估算灾害风险的期望损失。

在风险分析中，常常将这些不同强度的致灾因子和可能损失结合起来，综合评估在一个特定时间段内因某种致灾因子造成的期望损失。风险概念中的期望值是一个重要的数学概念，表达的是可能损失的平均情况。灾害风险常表达为各种可能强度致灾因子所造成损失的期望值，它不仅取决于致灾因子的发生强度、频次和分布范围，也在于承灾体及其脆弱性的影响，反映了风险的基本构成和表达形式。

致灾因子是风险的重要构成部分，事件强度和发生概率是其具体表达，社会经济系统受到损害是风险的必备条件，没有损害也就没有损失。风险是致灾因子发生概率与造成损害的综合。因此，灾害风险可表达为公式（4-2）：

$$期望损失\ E(L)=致灾因子发生概率(P)\times损失(L) \tag{4-2}$$

当对致灾因子和承灾体的暴露、脆弱性有了足够的信息基础后，就可以定量地对某地一定时间段内的风险进行分析。灾害风险的描述，须从给定的时间段内，风险情景、发生概率或可能性以及造成的负面后果三个方面进行描述，可表达为：

$$Risk=\{\langle S_i,P_i,C_i\rangle\}_{i\in N} \tag{4-3}$$

其中，S_i为风险情景；P_i 为场景发生的概率；C_i 为损失或导致的负面后果；N 为事件场景集。

风险评估国际通用方法为以年期望损失（expected annual damage，EAD）或年（平均）期望损失表达。在基准和未来气候条件下，利用不同重现期洪水造成的总损失值（直接损失和间接损失之和），构建每个网格单元年超越概率-损失（exceedance probability-loss，EPL）曲线，年期望损失（EAD）可通过估算 EPL 曲线下面积（积分）获得。年期望损失可用于帮助政策制定者评估目前的风险水平，计算洪水风险管理策略的风险效益（表示为“减少的年期望损失”），从而为投资洪水管理措施进行规划。

二、内涝风险评估模型建模

研究以致灾因子、承灾体暴露和脆弱性为要素进行内涝风险评估模型的建模。致灾因子需要计算未来暴雨内涝的重现期；承灾体暴露估算需要建立暴露价值评估模型；脆弱性评估依据上海市淹没深度-损失方程计算得出各情景下水淹没深度对应的损失率；最后综合致灾因子、暴露和脆弱性三要素，从而计算得到潜在的经济损失，即内涝风险。

SUIM 中开发了内涝风险统计模块，根据每个栅格的水淹深度和淹没深度-脆弱性曲线，判断其灾损率，得到各情景下的脆弱性分布，由此统计适应措施实施区域内的经济损失。内涝风险评估模型的建模步骤为：① 在某情景中，用淹没水深曲线判断各个栅格点灾损率，得到该情景下研究区承灾体脆弱性分布；② 用承灾体暴露价值分布和脆弱性分布计算该情景下风险，内涝风险等于建筑物理风险、室内财产风险以及商业中断风险之和，从而得到内涝风险分布；③ 通过 SUIM 风险统计模块统计该情景下适应措施区域的总风险。

第二节 暴雨公式与致灾因子分析

一、暴雨公式

上海市短历时暴雨强度公式是由上海市水务规划设计研究院、上海市气候中心等单位组织研制的上海市地方标准《暴雨强度公式与设计雨型标准》（DB31/T 1043—2017），其表达式为：

$$q=\frac{1\ 600(1+0.846\lg P)}{(t+7.0)^{0.656}} \tag{4-4}$$

式中：

q——设计降雨强度，单位为升每秒公顷［L/（s·hm^2）］；

P——设计重现期，单位为年（a）；

t——降雨历时，单位为分（min）。

该暴雨公式适用于重现期为 2 年至 100 年的范围内，历时范围为 5 min 至 180 min。“9 · 13” 暴雨历时为 3 h 且重现期约为 100 年，符合本公式规定的使用范围。因此，研究采用本公式作为 SUIM 模型不同排水设计重现期的标准。

二、致灾因子分析

关于致灾因子的重现期，由于本研究聚焦于未来极端强降雨事件，该类事件表现为低重现期、高灾害影响的特点。未来情景基于“9 · 13”极端短时强降雨事件，构建的未来情景所对应的雨量有不同程度的增强，表现为更极端的降雨过程。所以为了评估不同适应措施方案情景下的灾害损失减少率，本研究对于高重现期（重现期大于 50 年一遇以内）的风险不做计算。

基于目前高分辨率区域气候模式的降尺度结果可知，不同排放情景及模式下，未来雨量的模拟结果表现出了较大的差异性。普遍认为，未来降雨的预估不确定性高，结果可信度低。对于未来低重现期的极端暴雨无法通过年最大值法或皮尔森法进行精确预估。因此，对于研究构建的未来暴雨情景的重现期也无法预估。RDM 实践中，针对未来情景重现期难以预估的问题，普遍采用拉普拉斯等可能准则，将各种情景状态中的权重同等分配给单一情景，而非建立概率密度函数。因此，本研究对未来暴雨的重现期和风险不进行精确计算。

“9 · 13” 事件的降雨高峰持续时间约为 120 min，浦东站降雨深度为 140 mm，龙华站降雨深度为 97 mm。对照上海市新编制的暴雨公式，查表计算可知“9 · 13” 暴雨重现期约为 100 年一遇。在本研究中，一方面，未来情景被视为同等概率，风险损失计算时均采用同样的重现期（100 年一遇）；另一方面，本研究重点分析低重现期、影响大的极端暴雨内涝事件，因此不宜使用年（平均）期望损失表征内涝年均损失。

第三节 承灾体资产价值评估

一、损失类型

内涝灾害需要理清内涝灾损类型和研究尺度。内涝灾害问题通常可以划分为两类：一是损失是否由洪水直接淹没造成；二是受灾物体的损失能否用货币估算。若损失由直接淹没造成，则为直接灾害损失，如建筑、室内财产、交通道路和基础设施等工程性损失；否则为间接损失。若损失可由货币估算，则损失通常为有形资产；若无法估算则为无形资产，如生命损失和心理创伤等。灾害风险按照损失的可度量性和数据可获取性分别划分为物理损失和非物理损失、直接经济损失和间接经济损失。以往的内涝灾害风险研究通常是评估灾害造成的直接物理损失。

直接经济损失是内涝灾害损失的主要组成部分，评估直接经济损失的步骤通常为：首先，根据专家意见将承灾体划分为不同的类别，如直接损失可以包括农业、城市生命线，居民住宅，室内财产，商业资产，医疗花费或安置费用等。其次，需要评估最大经济损失及市场价值，可以通过暴露价值评估来实现。再次，承灾体的损失程度依赖于脆弱性曲线，又称灾损曲线（stage-damage curve）。

风暴洪水或暴雨内涝事件引发的商业中断是间接商业经济损失的主要因素。洪灾引起业务中断的原因通常有两种：一是产业本身被洪水淹没，导致生产部门出现故障，无法满足供应商或客户的需求；二是由于交通网络中断，供应商或客户无法正常访问而间接地影响各个行业的产能。如果生产者在洪水期间受到影响，那么那些从该生产商那里购买产品的人将受到影响。涟漪效应使得经济边界限制在一个区域内，则该区域将遭受巨大损失。

另一个重要的影响是由故障造成的公共交通服务中断引发的商业经济损失。常见原因是风暴洪水或暴雨内涝积水涌入隧道或车站，这些积水造成电源系统、信号设备、通信系统、通风系统、轨道和自动扶梯等设施的故障情况，使地铁系统停运数天甚至数月，导致严重生活和交通影响。近年来，全球发生多起严重暴雨内涝造成地铁站淹没事件，如 2012 年 10 月，在纽约“桑迪”飓风登陆期间，由于风暴洪水影响，地铁服务中断了数天。风暴洪水流过曼哈顿的街道，涌入地铁入口，汇集到内部隧道中，导致 7 条地铁线路和 6 座公交总站被淹。这是该市交通系统一个世纪以来经历的最严重的水灾事件。

考虑到交通资料的获取难度，本研究结合可获取的土地利用数据和市统计年鉴等相关资料，针对由内涝引起的建筑物淹没、室内财产损失以及内涝引发的经济中断损失作为资产价值，以评估未来极端内涝事件引发的直接物理损失和经济损失。

二、承灾体资产价值评估建模

暴露价值即人口、财产、经济活动包括公共服务或其他在特定区域暴露于灾害之前的价值，也被称为“资产”。国内外研究中直接经济损失通常考虑建筑物理损失和室内财产损失。由于内涝淹没区域主要集中在中心城区居民和商业密集区域，即承灾体为研究区域内商业区和居民区，因此本研究考虑这些区域内商业和居民的建筑物理损失和室内财产损失。将国内生产总值（GDP）和资产平均分配到研究区内的每个栅格上，计算承灾体的暴露价值。

在承灾体暴露性分析中，已有研究通常采用高分辨率土地利用数据，将某一行政单元内（如区县、街道/镇等级别）的商业、农业、居住用地作为相对均质的承灾对象，并将 GDP 和资产平均分配到各土地利用类型的像元上。根据 2015 年上海市土地利用数据，本研究将区域划分为居住用地、商业用地、水域、交通、林地、耕地、城市绿地等类别。选取易受内涝影响的承灾体，即居住用地和商业用地，并评估未来气候变化背景下城市内涝造成的潜在经济损失。

利用 ArcGIS 软件，将多种重现期的洪灾情景和主要承灾的物量或资产价值分布图进行叠置分析，计算主要承灾体的暴露度。计算公式为：

$$B_{exposure} = B_{asset} \cap H \tag{4-5}$$

式中，$B_{exposure}$为承灾体的暴露度；B_{asset}为承灾体的物量或资产价值；H为致灾因子。

目前学术界对暴露的研究主要集中在直接暴露方面，对间接暴露的研究相对较少。间接暴露是指相关产业并未直接暴露于致灾因子中，但由于产业上下游的投入-产出关系，这些产业也会间接受到致灾因子的影响。针对内涝灾害间接损失的研究，通常考虑内涝影响时间久、波及空间范围较大、涉及产业范围较广的内涝灾害事件。由于本研究案例关注城市中心区域发生的局地、短时强降雨事件，对于内涝灾害造成的大空间范围的间接损失，本研究不做深入探讨。

三、承灾体资产价值计算

资产价值的评估方案如下：① 由于研究区域的商业建筑包括外滩、南京路、淮海中路、徐家汇等核心商圈，因此商业直接损失应考虑营业收入损失（以 GDP 计算）。商业区承灾体资产价值包括三个部分，即建筑物理损失、室内财产损失和营业收入损失。② 居民区承灾体资产价值包括两个部分，即建筑物理损失和室内财产损失，其中室内财产损失使用上海市 2013 年统计年鉴的全市室内财产平均价值。具体计算方法如下。

（一）建筑物理损失计算

城市内涝事件中，在某个地区发现的有形资产只有一部分会面临淹没风险，在最严重的破坏程度下，资产的损失风险为该资产的暴露价值。在研究区域中，大部分建筑物是高层建筑，由于建筑物的楼层信息不易获取，因此建筑物价值的估算将基于建筑面积与建筑成本的乘积，计算结果为建筑物的市场价值。容积率（Floor Area Ratio，FAR）可以替代城市建筑物资料（如楼层、面积）作为评估建筑的市场价格的指标，其面积是 FAR 与格网的总面积的乘积。

Pan 等人（2008）的研究通过高分辨率卫星图像拍摄了上海市典型站点的 FAR，黄浦区和浦东区的 FAR 分别为 2. 96 和 3. 27，其他地区的 FAR 一般都采用 2. 0。参考以往研究结果，本研究容积率计算方法为：选取人均 GDP 不低于 9. 5 万元的镇一级单位，包括黄浦、静安、卢湾和徐汇部分地区，内环内的容积率取值 3.27，内环至中环取值 2.96，中环至外环取值 2（图 4-1A）。

由于人口集聚引起的灾害损失放大效应，国际上对城市人口密集区域的灾害风险评估通常以承灾体资产价值与人口密度比进行估算。Ke（2015）推荐的承灾体资产价值与人口密度的经验关系如表 4-1 所示。本研究在以往研究基础上结合上海市统计年鉴数据，对上海市承灾体资产价值与人口密度比进行了优化，详见表 4-1，其空间分布见图 4-1B。

表 4-1　上海市承灾体资产价值与人口密度比

承灾体资产价值	城市人口密度			
	<1 000/km²	1 000～8 000/km²	>8 000～15 000/km²	>15 000/km²
经验值	1∶1	1∶2	1∶4	1∶6
修改值	1∶1	1∶4	1∶5	1∶6

注：关系表中经验值参考国外城市研究案例取值。

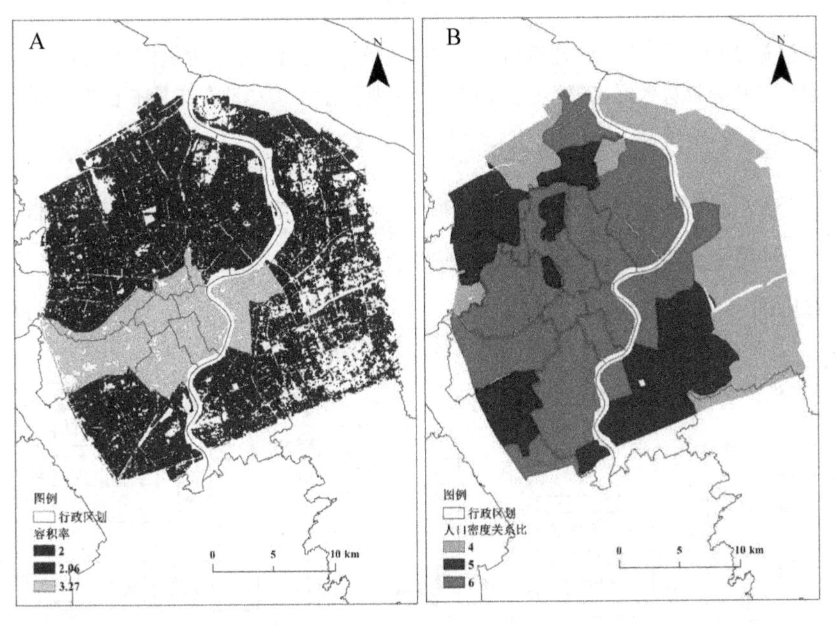

图 4-1　研究区内容积率（A）和承灾体资产价值与人口密度关系比（B）

（二）室内财产损失计算和营业收入损失计算

本研究选取室内财产和建筑平均建造费用，评估内涝灾害造成的直接物理损失。居民室内财产暴露价值和商业室内财产暴露价值计算涉及室内财产平均价值、商业 GDP 价值以及承灾体资产价值与人口密度比指标。商业 GDP 在中心城区的分布、容积率以及承灾体资产价值与人口密度比反映了城市资产价值空间分布。查阅各区县统计年鉴得到各行政区域人均 GDP，根据上海市 2013 发布的统计年鉴可知上海市 2013 年的人均 GDP 为 85 373 元。暴露价值分类方法如下（表 4-2）。

表 4-2　暴露价值分类方法表

暴露价值分类	建筑物理暴露价值	室内财产暴露价值	商业经济暴露价值
计算方法	每平方米造价 × 栅格面积 × 容积率/承灾体资产价值与人口密度比	室内财产价值 × 栅格面积 × 容积率/承灾体资产价值与人口密度比	商业 GDP × 人口密度 × 容积率 × 栅格面积/承灾体资产价值与人口密度比
备注	建筑物每平方米造价资料，考虑所有建筑	室内财产价值包括居民住宅和商业用地	商业 GDP 仅计算商业用地

注：栅格面积为 900 m^2，建筑物每平方米造价、室内财产平均价值（7 909 元/m^2）、商业领域 GDP 等资料数据来源于《上海市统计年鉴》、上海市房地产交易中心网站等。

（三）资产价值计算流程

资产价值分类可以明确：资产价值 = 建筑物理资产价值 + 室内财产价值 =（居民建筑物理暴露价值 + 居民室内财产暴露价值）+（商业建筑物理暴露价值 + 商业室内财产暴露价值 + 商业经济暴露价值）。其主要流程示意图如下（图 4-2）。

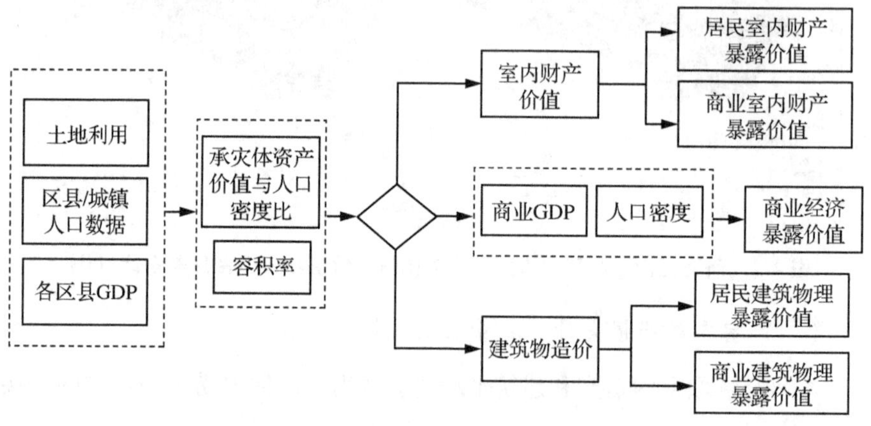

图 4-2　资产流程示意图

在 ArcGIS 中分别计算五个分类价值，即居民建筑物理暴露价值、居民建筑室内财产暴露价值、商业建筑物理暴露价值、商业建筑室内财产暴露价值及商业经济暴露价值。然后根据资产价值分类，利用 ArcGIS 的统计模块和栅格计算器实现暴露财产价值的空间叠置计算。具体步骤如下。

首先，在 ArcMap 中按照土地利用分类，提取住宅用地和商业用地两种类型（图 4-3）。按照土地利用类型分别计算居民建筑和商业建筑的暴露资产价值。

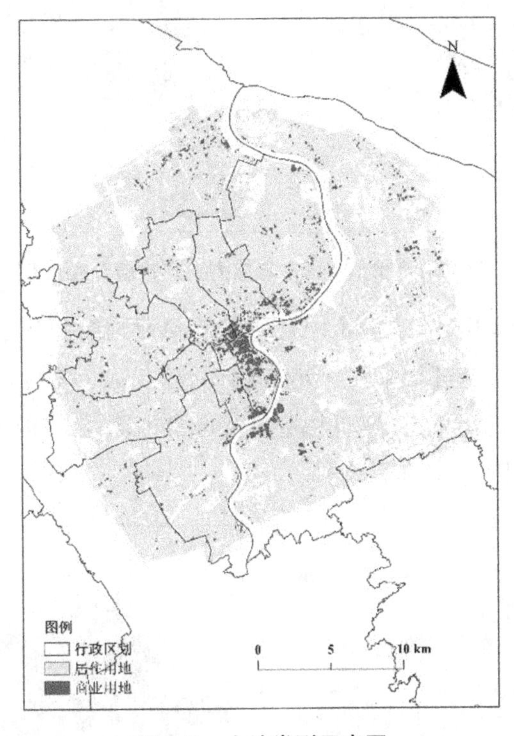

图 4-3　土地类型示意图

然后，根据 2013 年上海市统计年鉴提供的平均室内财产价值，构建室内财产价值图层（图 4-4A）。将该图层叠加容积率和承灾体资产价值与人口密度比图层，共 3 个栅格图层。利用 ArcMap 栅格计算器（raster calculator）分别计算居民建筑和商业建筑的室内财产价值分布图层（图 4-4B）。

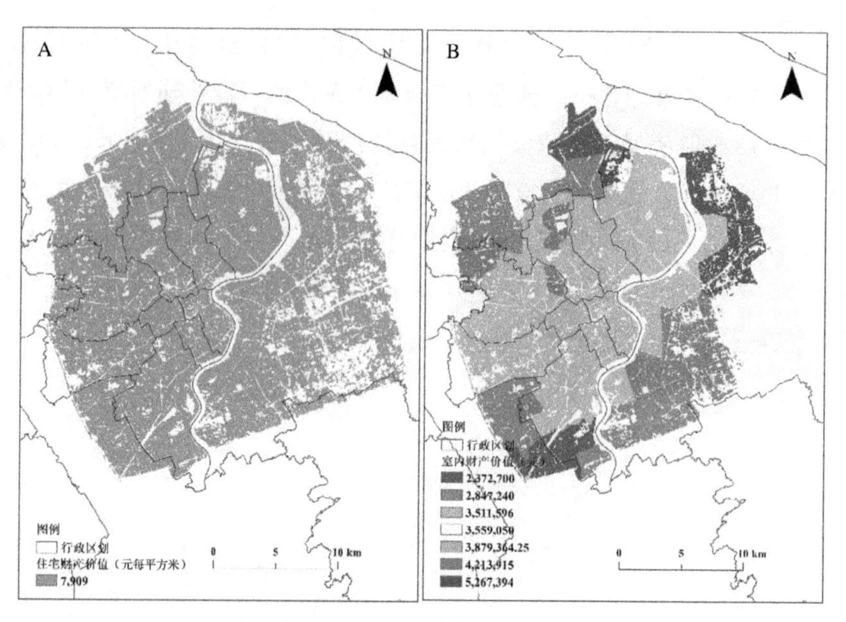

图 4-4 室内财产价值（A）与室内财产价值分布（B）图层

其次，根据 2013 年上海市统计年鉴的商业建筑和住宅建筑的平均造价（图 4-5A），结合容积率和承灾体资产价值与人口密度比三个图层，利用 ArcMap 栅格计算器计算建筑物造价资产价值图层，得到建筑物造价资产价值空间分布图层（图 4-5B）。

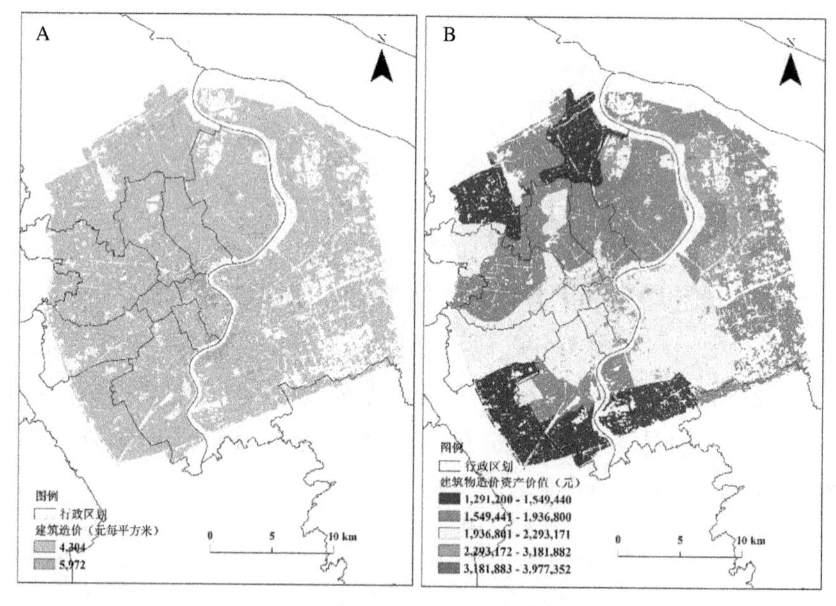

图 4-5 建筑造价（A）与建筑物造价资产价值空间分布（B）图层

最后，利用商业 GDP（图 4-6A）和人口密度，结合容积率和承灾体资产价值与人口密度比三个图层，计算商业资产价值（图 4-6B）。

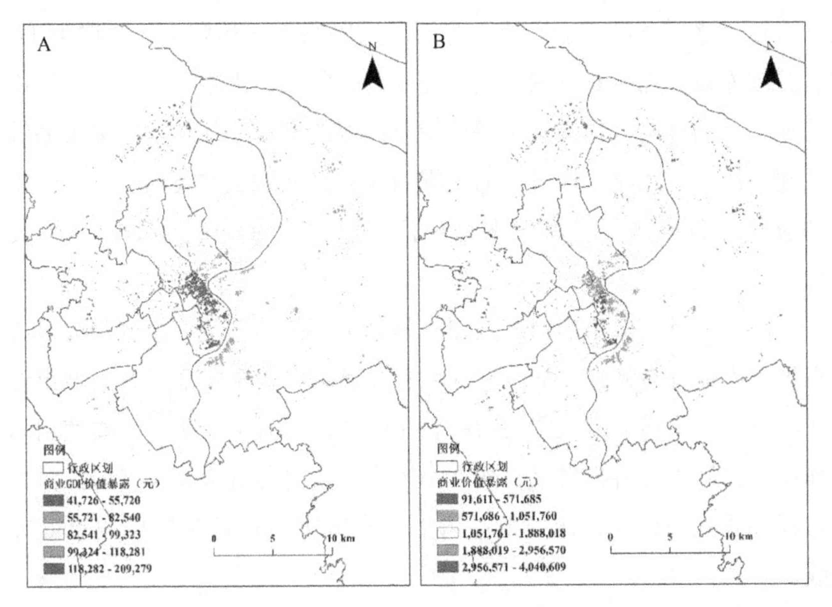

图 4-6　商业 GDP（左）和商业资产价值（右）图层

四、承灾体脆弱性与灾损曲线

承灾要素（土地利用类型、建筑等）面对灾害的脆弱性，表现为灾害造成承灾体的损失率，侧重于衡量承灾体的物理脆弱性。系统（如社区、城市、国家）的脆弱性包括环境、物理、社会、经济要素影响下的易损性、抗灾能力和恢复力。基于城市脆弱性研究进展和国内研究现状，对城市内涝灾害的危险性划分如下（表 4-3）。

表 4-3　内涝灾害危险性划分

等级	积水深度/mm	对城市的影响	危险性
1	＜100	对生产、生活基本没有影响	无
2	100～200	旧式建筑室内进水损坏家用电器	低
3	＞200～400	旧式建筑及排水设计欠缺的建筑室内进水损坏家用电器，对地面交通造成一定影响	中
4	＞400	居民室内大量进水，对居民生活造成很大影响，对地面交通以及地下交通、地下商场造成很大危害	高

灾损曲线或水淹深度-损失曲线通常由经验公式和综合公式两种方法求得。经验公式依据以往发生的灾情和灾害损失统计数据，结合水淹没深度、流速、水质和洪水上升速率等因子计算得出。国际上，德国 HOWAS 灾害数据库以及巴西都开展了基于经验公式的城市洪水损失计算。而综合公式通常是由保险公司或灾害评估专家依据的洪水特征和承灾体关系综合分析建立的，适用于不同条件的灾损曲线。这种方法在英国和荷兰得到广泛的应用，如英国环境署根据每户住户的财产和深度精细化计算灾害风险。

国际上，计算城市内涝风险往往是基于详细的建筑、街道和人口普查信息数据库的综合评估，如英国环境、食品和农业事务部对各大城市的内涝风险研究及内涝风险地图的绘制。在中国，各城市的研究主要使用承灾体脆弱性，即以灾害损失率表征水淹风险。国内各城市有较多的针对内涝灾害损失研究的估算，例如根据历史内涝灾害数据计算出广州市的灾损曲线。

上海市内涝灾害淹没损失和室内物品的淹没深度与灾损率的研究内容相对较少，Ke（2015）基于上海市中心城区（包含人民广场、外滩的研究区域），构建了淹没深度——脆弱性曲线。本研究综合前人的研究结果，建立了适用于本市研究区的淹没深度-脆弱性灾损曲线。研究选取商业建筑（commercial building）、居民建筑（residential building）和室内财产（inventory）的淹没深度-脆弱性作为参考，评估研究区内承灾体的脆弱性。淹没深度-脆弱性灾损参考结果如表 4-4 所列。

表 4-4　上海市淹没深度-脆弱性灾损参考表

类别	淹没深度/m						
	<0.5	0.5～1.0	>1.0～1.5	>1.5～2.0	>2.0～2.5	>2.5～3.0	>3.0
公共建筑	3%	7%	12%	14%	18%	20%	25%
商业建筑	5%	9%	13%	18%	22%	27%	31%
工业建筑	3%	8%	11%	15%	19%	22%	25%
居民建筑	3%	6%	9%	12%	16%	19%	22%
室内财产	9%	19%	26%	33%	38%	46%	58%

第四节　未来极端暴雨情景下的内涝风险评估

分别计算未来不同极端降雨情景下的内涝风险，以及每个极端降雨情景所对应措施情景下的内涝风险。风险基于栅格级别进行计算，在 SUIM 模型中，根据不同的承灾体类型、暴露价值以及脆弱性分别进行计算。依据不同情景下的栅格损失值，分别判断空间上最大风险区域以及各情景下的总风险。由于情景数量较大，依次选取具有代表性的情景 11（极端情景）、情景 3（中等情景）、情景 53（温和情景）作为 3 种代表性情景的风险图（图 4-7）。

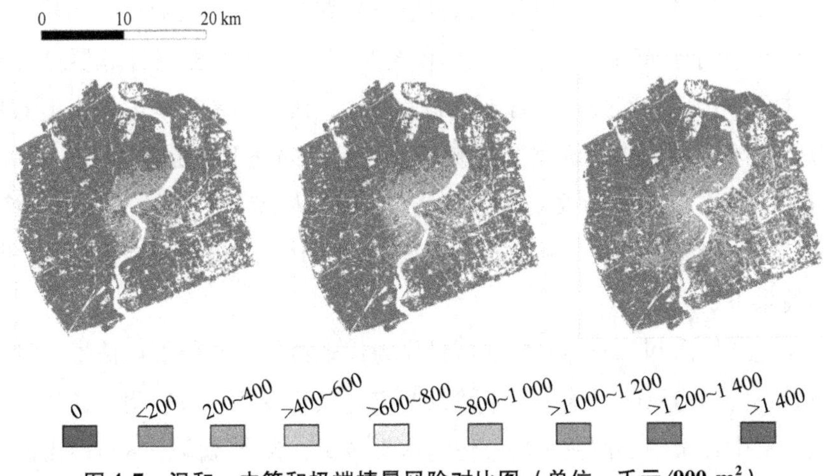

图 4-7　温和、中等和极端情景风险对比图（单位：千元/900 m²）

与空间淹没分布类似，未来极端内涝情景的风险区域集中在黄浦江沿岸和内环以内的上海市核心商业城市建成区。在未来情景中脆弱性较高的区域始终暴露于积水影响下，存在较大的内涝风险。从各情景风险区域面积来看，温和情景面积较小，中等和极端情景的风险区域面积均依次显著增加。从风险来看，温和情景的最大风险值约为 900 元/m^2，中等情景的最大风险值约为 1 400 元/m^2，极端情景的最大风险值约为 2 000 元/m^2。

第五节 内涝灾害风险评估小结

本章基于灾害风险分析“三要素”构建了内涝风险模型，分别评估了未来极端情景下致灾因子、承灾体资产价值（暴露）以及脆弱性情况。考虑到研究区域较小，本研究采用可量化的直接经济损失作为未来内涝灾害风险的评估指标，而不考虑由服务中断引起的间接损失。在致灾因子方面，对照上海市新编暴雨公式计算出“9·13”暴雨相当于100年一遇的重现期。对于承灾体的暴露分析，本章搭建了承灾体资产价值评估流程，并构建了承灾体资产价值评估模型，将损失分为建筑物理损失、室内财产损失和商业经济损失三个部分。依据统计年鉴和其他相关数据，构建了不同要素的空间分布图层，利用ArcGIS空间统计模块和栅格计算器计算出承灾体资产价值空间分布。对于脆弱性曲线，研究参考了国内外在上海地区灾害风险评估的相关研究，选取了较为成熟的脆弱性曲线。“三要素”分析的结果作为传入参数或图层封装到SUIM模型中，构建了集SCS-CN水文模型、风险评估模型和成本效益模型为一体的SUIM模型，统计分析不同情景下的风险。

研究选取温和、中等和极端情景作为代表情景，并分别评估了3种典型情景下的内涝风险。基于未来情景的灾害风险评估结果表明，各情景下的风险集中在市中心商业、居民住宅密集区域，灾害风险分布与内涝淹没结果表现出空间一致性。

第五章

适应对策评估与路径制定

防洪除涝措施的选择离不开地方宏观政策规划，其制定涉及政府的决策者和行业专家制定的相关标准。深入政府部门和相关研究机构调研，与决策者和行业专家进行交流对话是研究应对气候变化防洪除涝适应措施的必要步骤。本研究基于上海市排水规划等文件，通过与气象、水务等部门行业专家以及发改委等政府部门的决策者进行沟通，制定了应对极端暴雨事件的适应措施方案。

传统灾害风险评估方法可以解释在给定情景下，不同现有措施和潜在措施组合的防灾减损性能表现。然而，在未来深度不确定性情景下，何种影响因子是制约措施功效的关键因素，该因素如何随着时间的推移而变化，各方案的成本与收益如何衡量，决策者如何克服该因素的影响制定动态可转换的措施方案，应该先采用何种措施路径最为稳健等一系列问题，目前无法得到明确的回答。这是传统“先预测后行动”思路在实际灾害风险管理工作中难以落地的局限性所在，也是稳健决策思路致力于研究的关键环节和问题难点。

适应措施的定量评估是稳健决策的重要组成，对各适应措施及其组合在未来情景下的性能评估是判断各措施防灾减损效益的首要步骤。在此基础上，为了从经济效益角度研判各措施组合，引入了生命周期成本分析方法，以计算各措施组合的经济效益比。设定研究的措施评价标准，综合性能、成本和关键不确定性影响因子三个维度，来权衡各措施的稳健性。

基于前几章的研究工作，为了研判措施组合失效的关键不确定性因子，利用 PRIM 探索各措施的脆弱性情景，即在何种情况下措施组合可能会失效。考虑到未来排水能力下降与时间的相关性，判断各措施组合的相对有效期限，从而将 RDM 与 DAPP 有机结合。最终，根据各措施方案的有效期限制定适应对策路径，综合制定符合短期、中期、长期的 DAPP。

第一节 研究区适应对策选取

一、城镇雨水排水规划

近年来，受气候变化的影响，城市暴雨造成的内涝积水现象时有发生，给城市排水和河道行洪造成巨大的压力。一方面，随着上海市经济发展和城市化水平的不断提升，人们对城市积水或内涝变得十分敏感，对排水系统重要性的认识不断提升，对雨水排泄系统的规划、设计、建设和管理提出了更高的要求。另一方面，上海城市化建设对城市的综合承灾能力提出了更高的要求。因此，应对气候变化和城市化发展所带来的不利影响，增强适应气候变化的能力，已成为政府、科学家关注，广大市民群众关心的重大问题。为解决防洪除涝困难，保障城市安全，上海市政府出台了一系列政策举措。

上海市目前已围绕“四道防线”展开工作，重点进行黄浦江、苏州河防汛墙的新建、改建及水闸加固改造，加快实施黄浦江上游西部地区泄洪通道的防洪工程建设。按照市政府批准的《上海市海塘规划》，开展主海塘达标改造工程建设、保滩工程和内青坎整治工程等以抵御未来高潮位和风暴潮。

上海市人民政府 2020 年批复了《上海市城镇雨水排水规划（2020—2035 年）》。该规划提出了该市城镇雨水排水规划目标，即规划形成布局合理、安全可靠、环境良好、安全有效、智慧韧性的现代化雨水排水体系，排水系统基本达到 3 ~ 5 年一遇能力，50 ~ 100 年一遇内涝可控，溢流污染负荷控制率达到 80%（表 5-1）。规划提出“绿、灰、蓝、管”多措并举的规划理念，明确了排水系统设计重现期和强排水系统的初期雨水截流标准。明确该市城镇雨水排水总体形成“1 + 1 + 6 + X 绿灰交融，14 片蓝色消纳”的规划布局及规划任务。

“绿”指海绵设施的运用和深化，在源头建设的雨水蓄滞削峰设施，置于绿地、广场、公共服务设施的中小型调蓄设施，具有生态、低碳等特征。

“灰”指市政排水设施，包括管网、泵站以及大型调蓄设施等。

“蓝”指增加河湖面积、打通断头河、底泥疏浚、控制河道水位、提高排涝泵站能力等措施。

“管”指加强管网检测、修复、完善、长效养护等精细化措施，以及智慧化管理措施。

表 5-1　城镇排水系统规划标准

标准名称	标准值
排水系统设计重现期	主城区（包含中心城）及新城 5 年一遇
	其他地区 3 年一遇
地下通道和下沉式广场设计重现期	≥30 年一遇
内涝防治设计重现期	50～100 年一遇
强排系统初期雨水截留标准	合流制≥11 mm、分流制≥5 mm

注：内涝防治设计重现期的地面积水设计标准为居民住宅和工商业建筑物底层不进水，道路中一条车道积水深度不超过 15 cm。

二、适应措施提出

在未来海平面上升的背景下，上海市应对极端暴雨内涝仍需要采用防洪除涝基础设施能力的有效举措。本研究结合淹没分析结果和城市防洪除涝相关规划，拟提出从地面到地下、从源头控制到末端处理的适应措施评估方案。

首先，城市海绵设施对于削减径流，发挥“渗、蓄、滞”作用明显，对低重现期的降雨可以发挥较好的功效，减少径流的产生。但仅仅依靠绿色的海绵设施无法消纳剩余的径流。

上海市现有浅层排水管网的设计重现期通常为1～5年一遇，可以容纳大部分降雨，且浅层排水管网与绿色和灰色措施的结合可以互为补充。但上海市外环内中心城区的排水管网通常建造时间久远、设施陈旧，且面临较大的升级改造困难。此外，面对长历时降雨或者极端短历时强降雨事件时，排水管网和海绵设施通常不具备完全消除内涝的能力。

为保障城市防汛和除涝安全，地下深隧的建设应运而生，作为新型的水利设施工程，它通常在“净”“用”“排”即排污、雨水使用和防涝方面被认为有巨大的潜力。世界上各大沿海都市，如美国芝加哥、日本东京、英国伦敦、法国巴黎、新加坡等城市都已建造了完备的地下深隧工程，有效地解决了困扰这些大城市多年的内涝、河道溢流以及污水排放等问题。近年来，我国多个城市也着手打造建设地下深隧工程，如广州市在东濠涌建设地下深隧试验段。当雨季来临时，深隧将作为东濠涌流域合流溢流污水和初期雨水的调蓄和转输通道，经污水泵组提升后送到污水处理厂处理。如果遇到大型暴雨，深隧将作为雨水排涝通道，行使排涝功能，经尾端排洪泵组提升后排至珠江，提高流域内合流干渠的排水标准到10年一遇。这将有效减少东濠涌流域70%雨季溢流污染，并减少流域水浸点。

值得注意的是，无论浅层排水和深层隧道，单独用其中一种方式都无法完全解决城市内涝的问题，无法让所有的易涝点完成排水，所以城市老城区的排水均需要采取浅层排水和深层隧道相结合的综合排水方式。

综上所述，本研究选取城市包括排水管网建设、公共绿地面积的增加和地下深隧建设作为适应措施，形成表层-浅层-深层的立体综合排水措施方案（图5-1）。结合上海市城镇雨水排水规划，评估在未来极端降雨情景下这些措施的性能和经济效益。

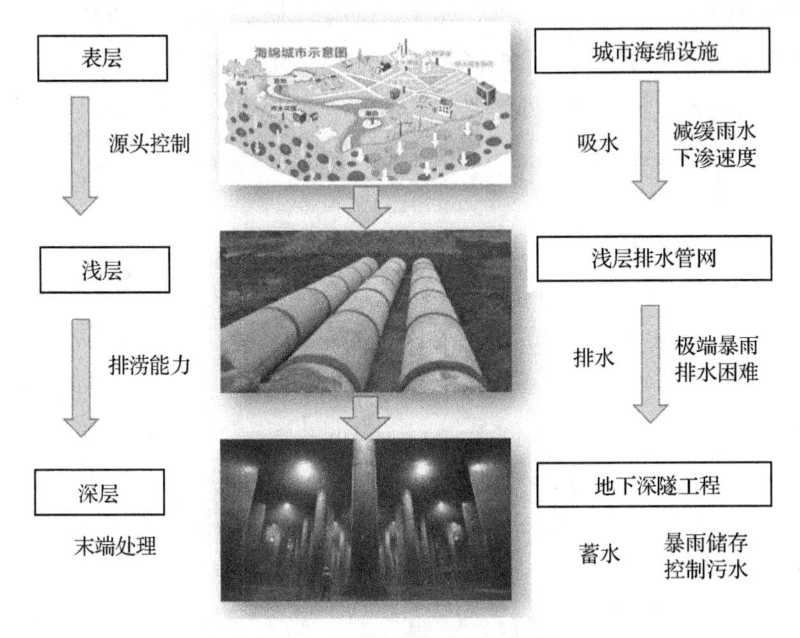

图 5-1　防洪除涝措施示意图

三、城市排水管网建设

上海市的排水和除涝设施投资规模较大，建设周期较长，受征地动迁、规划调整等影响，规划工程设施建设进展不快。中心城区仍然有排水空白区和低标区，郊区水利分片综合治理的蓄排能力尚未达到规划标准，区域内涝和城镇积水问题仍较突出。

为提高城市排水管网的标准，有效减少城市内涝，2014 年上海市水务局印发《上海市城镇雨水排水设施规划和设计指导意见》的通知，规定上海市外环线以内区域和普陀区、长宁区、徐汇区的外环线以外区域，以及郊区新城的设计重现期不低于 5 年，其他区域的设计重现期不低于 3 年，中心城建成区基本消除系统空白。设计暴雨强度按上海市现行公式计算，原则上选取最大值进行规划和工程设计。

根据《上海市城镇雨水排水规划（2020—2035 年）》，未来灰绿设施将形成“1 + 1 + 6 + X 灰绿融合”的规划布局，总计规划强排水系统 402 个，强排水系统面积约 945 km^2，自排地区面积 1 855 km^2。主要强排设施覆盖区域位于外环以内，其中大部分合流制的强排系统位于黄浦江沿岸及以西的杨浦区、静安区、徐汇区等核心城区，也是地势相对低洼、易遭受内涝影响的核心区域（图 5-2）。

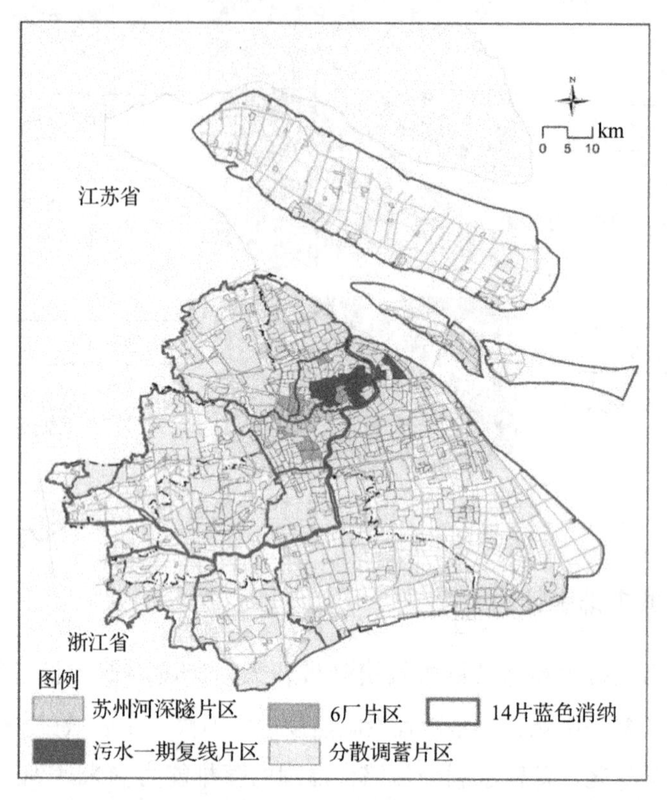

图 5-2　上海市城镇雨水排水规划布局图（上海市水务局，2020）

针对城市内涝灾害问题，多位学者在上海开展了排水管网提标改造的思路和实证研究。学者汉京超（2014）搭建了上海福建北片区排水管网模型，通过对不同调蓄管管径的模拟优化，发现增加 3 m 横向调蓄管和 3 m 纵向调蓄管，同时优化局部管网，可以有效实现排水管网提标至 3 年一遇。研究学者以上海张家浜及周边已建排水系统为例，对“9・13”暴雨积水的主要原因进行了分析，通过多系统联合水力模拟研究，对非工程性措施、总管改善、系统重新划分、泵站升级改造等多种措施进行了综合分析，并提出了优化改造方案，保障 5 年一遇不积水，并将 100 年一遇的平均积水时间控制在 2 h 以内。

四、城市公共绿地建设

海绵城市是一种城市水系统综合治理模式。其以城市水文及其伴生过程的物理规律为基础，以城市规划建设和管理为载体，将水环境与水生态紧密结合起来，形成完整的“水”生态服务系统。海绵城市建设的核心是雨洪管理，国际上城市雨洪管理代表理念主要有 3 个。

1. 美国的低影响开发（low impact development，LID）。20 世纪 90 年代，马里兰州提出 LID 的概念，用于实现城市暴雨的最优化管理。LID 采用源头削减、过程控制以及末端处理的方法进行渗透、过滤、蓄存以及滞留，并融合了基于经济及生态可持续发展的设计策略，以减排防涝。其目的是维持区域自然水文机制，通过一系列分布式措施来构建与天然状态匹配的水文和土地景观，以减轻区域水文过程畸变所带来的生态环境负效应。

2. 英国的可持续发展排水系统（sustainable urban drainage system，SUDS）。其侧重“蓄、滞、渗”，通过 4 种途径（储水箱、渗水坑、蓄水池、人工湿地）处理雨水，以减轻城市排水系统的压力。

3. 澳大利亚的水敏感性城市设计（water sensitive urban drainage，WSUD）。其侧重“净、用”，是强调城市水循环过程的“拟自然设计”。

海绵城市侧重于城市建设与水文生态系统之间的关系，它强调的是城市应对水文灾害的弹性和 LID 的综合管理思路。通过科学的规划以及切实可行的建设，使城市可以良好地适应环境变化、应对自然灾害。海绵城市结合了自然途径和人工措施，将城市雨洪从源头、过程、末端进行系统治理，并统筹处理降雨、地表水、地下水以及人工给排水，得出雨水在城区的积存、渗透、净化和利用的最佳方案，实现城市和水生态环境的紧密结合，主要措施体系如下（表 5-2）。

表 5-2　海绵城市措施体系

技术体系	LID 措施
保护性设计	限制路面宽度、保护开放空间、集中开发、改造车道等
渗透	绿色道路、渗透性铺装、渗透池（坑）、绿地渗透等

续表

技术体系	LID 措施
径流蓄存	蓄水池、雨水桶、绿色屋顶、雨水调节池、下凹绿地等
过滤	微型湿地、植被缓冲带、植被滤槽、雨水花园、弃流装置、截污雨水口、土壤渗滤等
生物滞留	植被浅沟、小型蓄水池、下凹绿地、渗透沟渠、树池、生物滞留带等
LID 景观	种植本土植物、土壤改良等

2015 年，国务院发布《关于推进海绵城市建设的指导意见》，提出海绵城市建设工作目标，综合采取“渗、滞、蓄、净、用、排”等措施，最大限度地减少城市开发建设对生态环境的影响，将 70% 的降雨就地消纳和利用。到 2030 年，要求城市建成区 80% 以上的面积达到目标要求。为全面贯彻落实国家关于海绵城市建设的相关要求，实现上海市海绵城市建设目标，上海市人民政府 2018 年批准了《上海市海绵城市专项规划(2016—2035)》，规定市中心片区年径流总量控制率为 70%，调整幅度控制在 ±5% 以内。

根据海绵城市建设的指导意见，建设城市绿地减少不透水面的面积是有效解决地表径流的源头控制途径。上海到 2020 年基本形成生态保护和 LID 的雨水技术和设施体系，其中试点区域的年径流总量控制率不低于 80%，即 80% 的雨水被留存，20% 的雨水通过传统方式排放。老城区通过试点和改造，实现 75% 控制率（表 5-3）。2020 年，将适应气候变化相关指标普遍纳入城乡规划体系，典型城市适应气候变化治理水平显著提高，大力建设屋顶绿化、雨水花园、下沉式绿地、植草沟、生物滞留设施等城市海绵设施的建设，使绿色建筑推广比例达 50%。

表 5-3　单元控制目标

单元类型	集中新、改建单元	部分新、改建单元	保留单元
年径流总量控制率	80%	75%	不要求控制与校核单元控制目标
海绵城市设计雨量/mm	26. 7	22. 2	22. 2

五、城市地下深隧建设

由上海水务局规划、上海市政总院设计和上海建工集团施工建设的苏州河段深层排水调蓄管道系统工程（以下简称“深隧”工程）于2016年开工建设。该工程计划服务于苏州河沿线的25个排水系统，涉及长宁、普陀、静安、黄浦等四区，总面积约58 km^2，服务人口135万人。作为上海“十三五”规划的重要项目，它也是上海开展城市生态建设、城市防汛安全和海绵城市建设的总体要求。“深隧”工程全部建成后将实现三大目标：一是苏州河沿线排水能力从目前的1年一遇（每小时排水36 mm）提高至5年一遇（每小时排水56.3 mm）；二是苏州河沿线排水系统能有效应对百年一遇降雨，也就是不发生区域性城市运行瘫痪，路面积水深度不超过15 cm；三是基本消除沿线初期雨水污染，22.5 mm以内降雨泵站不溢流。

根据规划，“深隧”工程分为三部分。主隧工程包括一级调蓄管道、初雨泵站及配套管道。配套工程包括二、三级收集管道和将各个分区的雨水汇入苏州河下敷设的“深隧”（一级调蓄管道）。此外，还有合流一期外排管和初雨处理厂，“深隧”中的初雨通过初雨提升泵房，利用合流一期总管输送至初雨处理厂处理排放。远期工程包括二、三级输送管道，末端设置排江泵站及配套排江管（图5-4）。

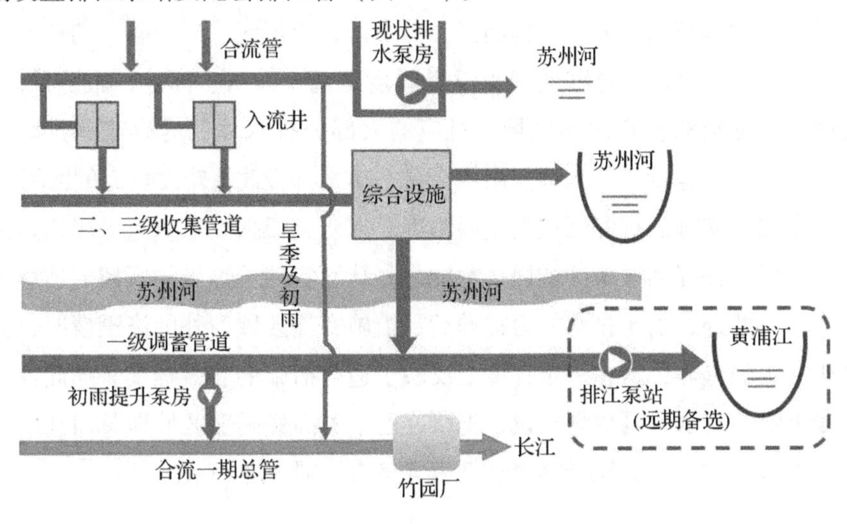

图5-4　苏州河地下深隧示意图

根据工程建设规划，“深隧”工程最深位置位于地下60 m处，与地铁以及北横通道之间保持一定的安全距离，且不会对苏州河面和附近居民造成影响。“深隧”工程可以先把水储存起来，经过处理后再把水排出去。排出去的水还可以综合利用，比如用于浇灌绿化和冲洗马路等。

着眼于末端处理，通过增加城市调蓄能力控制地面流量，可有效蓄积雨水从而减少城市内涝。未来雨水将暂时放在“深隧”里面，进行净化、沉淀，错峰纳入合流一期总管，再进行排江，这样可以很好地改善水环境，特别是能够很好解决初期雨水的污染。从防汛层面而言，“深隧”工程也将提升中心城区的防汛标准，地下深隧的规划范围详见排水规划（图5-2）。

第二节 模型情景及对策表现

一、3种适应措施参数表达

（一）排水管网

根据第三章淹没分析结果显示，“9·13”暴雨模拟淹没区域主要集中在黄浦江两岸黄浦区外滩、杨浦区、静安区、徐汇区、浦东新区的核心商业和居民住宅地区。这些地区也是暴露度最高，人口、商业、旅游景点、金融资产密集的重点敏感区域。对应的大部分排水体制为合流制排水系统，属于管网建设年代久远、雨污合流、排水升级改造难度较大的区域。

考虑到实施工程和区域的重要程度，本研究根据以上重点区域构建措施实施区，并提高措施区域内排水能力，从而实现关键脆弱区域的适应对策模拟。此外，由于排水能力提升后，措施实施区域内外的淹没情况也会产生一定的差异，这在一定程度上反映了适应措施的有效程度。据此模拟未来上海市排水管网规划建设，把研究区中的高暴露度区域即黄浦江沿岸核心地区（内环内）的排水能力提高至5年一遇标准（图5-5）。

图 5-5　中心城区的排水能力由 27 mm/h 和 36 mm/h 提升到 50 mm/h

（二）城市公共绿地

城市公共绿地指海绵设施的运用和深化，在源头建设的雨水蓄滞削峰设施，如置于绿地、广场、公共服务设施中的中小型调蓄设施。韩松磊等人（2016）在上海市典型建成区杨浦片区，开展了通过 LID 的措施来提高现有系统排水能力的实证研究。研究发现，现有 1 年一遇标准排水系统在遭遇 5 年一遇短历时设计暴雨及长历时降雨条件下，评价区域均无明显积水，与 LID 结合的排水系统基本达到 5 年一遇的排水标准，可作为排水管网提标改造的替代方案。

作为城市海绵设施的重要组成部分，城市公共绿地和绿色屋顶具有有效吸纳径流、增加雨水下渗量和滞留时间以及改善城市局地微气候等诸多益处。由于细致的海绵城市规划并非本研究考虑的重点，因此需要简化城市海绵设施规划，而无须考虑某个地块或者某栋建筑需要做绿色屋顶还是绿色墙面等措施。根据海绵城市建设指南和总体规划，我们按照区域管控年总径流量，研究选定排水单元作为公共绿地的计算单元，在 SUIM 模型中以 *CN* 值进行参数化表达，即通过提高公共绿地的覆盖面积，提高该排水单元的透水率。

本研究拟将黄浦江两岸核心区（措施实施区域）内的公共绿地覆盖面积提高至与外环水平相同的程度，等同于将不透水区域转化为半透水区域，从而减少区域不透水面率，以便提高该核心区的防洪除涝能力（图 5-6）。在 SUIM 模型中，需要将措施实施区域的 *CN* 值降低至外环水平，具体而言，透水率的转换是通过将模型中排水单元 *CN* 的值从 98（透水率 0%）和 86（透水率 50%）降低为 80（透水率 70%）。

图 5-6　中心城区绿地覆盖率提高、透水率增加

（三）地下深隧

考虑到地下深隧工程建设时间长、成本高，相较于苏州河地下深隧工程，措施实施区域内的深隧工程的覆盖面积更大。因此，本研究将措施实施区域分为三个建设阶段，即区域内一期、二期及三期，分别满足地下深隧吸纳 30%、50% 和 70% 径流能力。该方案可满足不同极端降雨重现期下的城市防洪除涝目标，且与未来气候变化背景下短期、中期、长期极端降雨 DAPP 思路保持一致。综合以上目标，本研究分别选取措施实施区域空间面雨量的 30%、50% 和 70% 作为地下深隧的蓄水能力进行模拟（图 5-7）。

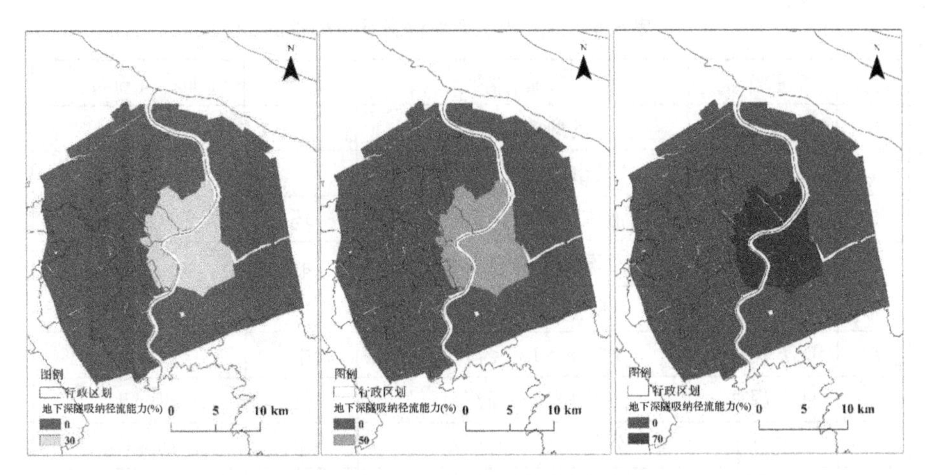

图 5-7　地下深隧吸纳径流能力分别由 0%提升至 30%、50%及 70%

综上所述，排水管网、公共绿地和地下深隧 3 种措施分别以增强雨水的排水、透水和储水模型的方式增加防洪除涝性能。3 种适应措施均在 SUIM 模型中建立模型的参数表达（表 5-4）。

表 5-4　3 种适应措施在 SUIM 模型的参数

措施	透水率/%	雨水储水率/%	雨水排水/（mm · h^{-1}）
排水管网	—	—	27，36，50
公共绿地	0，50，70	—	—
地下深隧	—	0，30，50，70	—

二、未来情景适应对策模拟

为对比和定量评估适应措施的表现情况，本研究分别构建不同适应措施及其组合，模拟适应措施实施前后积涝深度与受影响人口差异，并评估和量化在未来不同气候情景下的表现情况。除了基线情景，每种适应措施及其组合都在未来 100 种情景下进行模拟，边界条件使用未来模拟的气候情景，模拟具体参数及模拟的有效性结果如下（表 5-5）。

表 5-5　适应措施评估情景及有效性

实验	实验个例	实验方案	性能	简称（全称）
0	基线	模型效果验证	—	—
1	基线	城市防御能力模拟	—	—
2	排水管网	增加排水能力至 5 年一遇	弱	Dr
3	公共绿地	增加地表透水率	弱	GA
4	地下深隧 1	吸纳 30% 径流量	中	Tun30
5	地下深隧 2	吸纳 50% 径流量	中	Tun50
6	地下深隧 3	吸纳 70% 径流量	强	Tun70
7	组合 1	公共绿地 + 排水管网	中	Dr + GA
8	组合 2	公共绿地 + 深隧 1	中	GA + Tun30
9	组合 3	公共绿地 + 深隧 2	强	GA + Tun50
10	组合 4	公共绿地 + 深隧 3	溢出	GA + Tun70
11	组合 5	排水管网 + 深隧 1	中	Dr + Tun30
12	组合 6	排水管网 + 深隧 2	强	Dr + Tun50
13	组合 7	排水管网 + 深隧 3	溢出	Dr + Tun70
14	组合 8	公共绿地 + 排水管网 + 深隧 1	强	Dr + GA + Tun30
15	组合 9	公共绿地 + 排水管网 + 深隧 2	溢出	Dr + GA + Tun50
16	组合 10	公共绿地 + 排水管网 + 深隧 3	溢出	Dr + GA + Tun70
……		……	……	……

注：Dr，排水管网增强；GA，公共绿地增加；Tun30，地下深隧吸纳 30% 径流能力；Tun50，地下深隧吸纳 50% 径流能力；Tun70，地下深隧吸纳 70% 径流能力。

根据平均淹没深度、最大淹没深度、90 分位的淹没深度以及受影响人口数 4 个关键指标，评估了各适应措施及其组合在未来 100 种情景下的表现情况。通过相同措施不同情景的横向对比，以及不同措施相同情景的纵向对比发现：① 不同适应措施下，不同情景的淹没分布情况基本一致，受影响人口数也基本一致，但并非等比例增加或减少；② 所有适应措施及措施组合在温和情景下（情景 53）都有较好表现情况，即积涝基本被消除，但在极端气候情景下表现各异（情景 11）；③ 各模拟实现结果显示，各情景内涝缓解存在上限，如情景 11 的平均淹没深度最多减少 95%，而情景 53 的平均淹没深度最多减少 98. 9%；④ 部分适应措施组合存在效果溢出情况（组合4、组合7、组合9、组合10），即相较于其他组合，这些措施组合不具备更好的减灾效应，因此从措施组合中删除；⑤ 综合表现情况排序，应对极端暴雨内涝防洪除涝的有效性从弱到强依次为1 <2 = 3 <4 <7 <8 = 11 <5 <9 = 12 <14 <6，其中实验10、实验13、实验15、实验16效果溢出。

由于排水能力下降（γ）是主要影响因子，且此次暴雨内涝模拟的历时较短（3 h），地下管网建设提升能力有限，所以实验2（以下简称Dr）在温和情景下有较好的表现情况，可以减缓降雨积涝，但在极端情景下作用甚微。同样，作为海绵城市规划的重要组成部分，公共绿地面积的增加也有效地减缓了中心城区路面硬化程度，通过增加雨水下渗率和雨水滞留时间，减少了地表产汇流量，但在极端情景下同样有效性较弱（实验3，以下简称GA）。地下深隧在应对城市暴雨方面有天然的优势，通过大量吸纳来自地表和管网的雨量，可以有效缓解路面和地下管网的排水压力（实验4、实验5、实验6，以下简称Tun30、Tun50、Tun70）。通过适应措施的组合，发现公共绿地面积的增加结合排水能力增加可以改善其在极端情景下的表现情况（实验7，以下简称Dr + GA），特别是与地下深隧结合时性能会显著提高（实验14，以下简称Dr + GA + Tun30）（表5-5）。

三、适应措施防灾减损性能评价

（一）风险减少率

引入风险减少率（risk reduction rate，RRR）和平均风险减少率（average risk reduction rate，ARRR）的概念，是为了对比各情景下适应措施实施前后的内涝损失减少比例。RRR_i为某情景下i措施实施后的风险减少率，$ARRR_i$为所有情景下i措施实施后的平均风险减少率。分别由公式（5-1）和公式（5-2）计算可得。

$$RRR_i = \frac{Risk_b - Risk_i'}{Risk_i} \times n \tag{5-1}$$

$$ARRR_i = \frac{1}{n} \sum_{1}^{n} \frac{Risk_b - Risk_i'}{Risk_i} \times n \tag{5-2}$$

其中，$Risk_b$为情景下基线措施的内涝损失风险，$Risk_i'$为i措施实施后的内涝损失风险，n 为情景数，共 100 个情景。

研究针对不同的措施和措施组合进行风险减少率的计算。以特定措施为例，风险减少率计算方法为模拟未来 i 情景下研究区内的空间淹没，叠加该研究区内的空间资产价值暴露计算风险分布，统计措施区域内的内涝风险，结合基线情景风险计算 RRR_i，汇总所有情景的平均风险减少率（ARRR），从而进行措施实施性能评估。

（二）适应措施组合风险减少率

图 5-8 显示了各适应措施及其组合的风险减少率。这些适应措施及其组合由左到右依次为 Dr、GA、Tun30、Dr + GA、Tun50、Dr + GA + Tun30 和 Tun70。

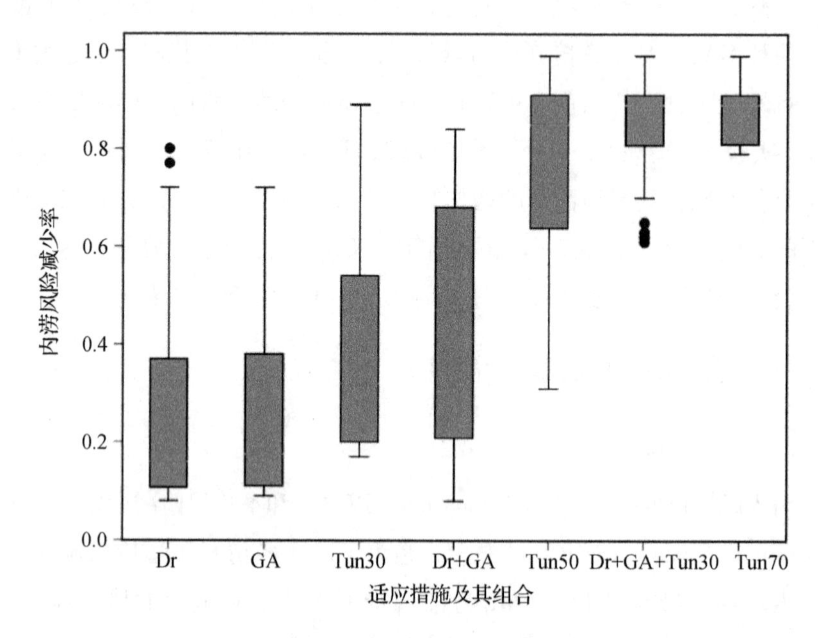

图 5-8　各适应措施及其组合的风险减少率

由表 5-6 各适应措施及其组合的内涝风险减少率及统计信息可以发现，最大值（Max）和极差（Range）两个指标在排水增强时比绿地面积增加时要高，表明在最大内涝风险减少率方面排水增强性能优于绿地面积增加。

表 5-6　各适应措施及其组合内涝风险减少率及统计信息

参数	最小值（Min）	25%	中位数（Mid）	75%	最大值（Max）	标准差（Std）	平均值（Mean）	极差（Range）
Dr	0.08	0.11	0.16	0.37	0.80	0.20	0.25	0.72
GA	0.09	0.11	0.17	0.38	0.73	0.18	0.26	0.64
Tun30	0.17	0.20	0.32	0.54	0.89	0.21	0.39	0.72
Dr + GA	0.18	0.37	0.70	0.89	0.94	0.27	0.62	0.76
Tun50	0.33	0.65	0.85	0.91	0.99	0.21	0.74	0.66
Dr + GA + Tun30	0.61	0.80	0.89	0.91	0.99	0.08	0.85	0.38
Tun70	0.79	0.81	0.89	0.91	0.99	0.05	0.87	0.20

总体而言，除排水管网增强和公共绿地增加的最大值和极差有差异外，各适应措施及其组合在100个情景中的各分位指标内涝风险减少率排序一致。由小到大依次为：Dr < GA < Tun30 < Dr + GA < Tun50 < Dr + GA + Tun30 <Tun70，这表现为内涝风险减少率的依次增强。

此外，各措施组合的风险减少率的标准差（Std）呈现先增大后减小的趋势，表明各措施减灾性能表现的离散程度先增大后减小；而极差（Range）的分布则表现出逐渐减小的趋势。由此可见，图5-8中左侧的措施减灾能力较弱；中间的措施在温和情景和中等情景下的减灾能力较好，但在极端灾害情景中效果甚微；而右侧的措施即使在面对较极端场景时也具备较好的减灾能力。

因此，综合各指标可判断各适应措施及其组合的内涝减少能力由小到大的排序分别是：Dr < GA < Tun30 < Dr + GA < Tun50 < Dr + GA + Tun30 < Tun70。

（三）基于情景的减灾性能分析

为了评估各适应措施及其组合在各情景中的性能表现，依次统计选取灾害减少率的最大值（情景53）、75分位（75%）（情景37）、中位数（Mid）（情景3）、25分位（25%）（情景87）及最小值（情景11）五种情景进行分析，总结如下（表5-7）。

表 5-7 基于各适应措施及其组合的内涝风险减少率统计分析

情景编号	RRR	Dr	GA	Tun30	Dr + GA	Tun50	Dr + GA + Tun30	Tun70	Range	Std
53	Max	0.80	0.73	0.89	0.94	0.99	0.99	0.99	0.19	0.10
37	75%	0.37	0.38	0.54	0.89	0.91	0.91	0.91	0.54	0.26
3	Mid	0.16	0.17	0.32	0.70	0.85	0.89	0.89	0.73	0.34
87	25%	0.11	0.11	0.2	0.37	0.65	0.80	0.81	0.7	0.31
11	Min	0.08	0.09	0.17	0.18	0.33	0.61	0.79	0.71	0.28

可以发现，最大值、75 分位、中位数、25 分位及最小值的极差分别为0.19、0.54、0.73、0.7、0.71，按从小到大排序为：最大值 <75 分位 < 25 分位 < 最小值 < 中位数。最大值的极差最小，表明温和情景（情景 53）中，大部分措施及其组合均有较好的排涝效果；中位数的极差最大，表明中等情景（情景 3）措施及其组合的表现情况分化严重。一方面，排涝能力或者绿地增加对提升城市排涝能力有限；另一方面，Dr + GA + Tun30 和 Tun70 内涝风险减少率高达 89%。极端情景（情景 11）情况同中等情景类似。

最大值、75 分位、中位数、25 分位及最小值的标准差分别为 0.10、0.26、0.34、0.31、0.28，按从小到大排序为：最大值 <75 分位 < 最小值 < 25 分位 < 中位数。最大值的标准差最小，表明温和情景（情景 53）中，风险减少率分布集中；中位数的标准差最大，表明中等情景（情景 3）中离散程度大，各措施组合的性能差异大。

以上研究表明，在温和情景中，各措施及其组合均有较好的表现情况；在中等情景中，各措施及其组合表现情况各异；而在极端情景中，仅 Dr + GA + Tun30 和 Tun70 表现情况较好，可以有效缓解城市内涝。

第三节　成本估算与成本效益分析

一、城市排水管网成本

2016年，国务院住房城乡建设部下发《关于提高城市排水防涝能力推进城市地下综合管廊建设的通知》，要求加快城市地下综合管廊建设、补齐城市防洪排涝能力不足的短板。严格按照国家标准《室外排水设计规范》确定的内涝防治标准，将城市排水防涝与城市地下综合管廊、海绵城市建设协同推进。坚持自然与人工相结合、地上与地下相结合，构建以"源头减排系统、排水管渠系统、排涝除险系统、超标应急系统"为主要内容的城市排水防涝工程体系，并与城市防洪规划做好衔接。通知要求结合本地实际情况，有序推进城市地下综合管廊和排水防涝设施建设，科学合理利用地下空间，充分发挥管廊对降雨的收排和适度调蓄功能，做到尊重科学、保障安全。考虑到在上海中心城区进行大面积、大范围的管网翻排成本巨大，社会负面影响大且可行性低。因此，对于城市不同排水片区须因地制宜地采用针对性工程进行提标改造。本研究采用学者汉京超（2014）提出的排水能力提标研究思路，即采用长度为2.1 km、直径为3 m的调蓄管道，可辅助1.25 km^2 区域内部管网能力从1年一遇提高到3年一遇，故可将措施实施区内管网排水能力为1年一遇的区域（70 km^2 面积）进行提标改造。

$$\frac{L}{S}=\frac{L'}{S'} \tag{5-3}$$

其中，S 为措施实施区域面积70 km^2，S'为管网能力提升范围1.25 km^2，L'为管径长度2.1 km。因此，可计算待提标管网长度 L 为117.6 km。此外，根据文献可知，综合管廊的建设成本约为100万元/km，可以根据待提标管网长度和单位建设成本计算排水管网的增加成本。

二、城市公共绿地成本

（一）公共绿地面积计算

为全面贯彻落实国家关于海绵城市建设的相关要求，实现上海市海绵城市建设目标，上海市人民政府2018年批准了《上海市海绵城市专项规划（2016—2035）》规定市中心片区年径流总量控制率为70%，调整幅度控制在±5%以内，到2030年，城市建成区80%以上的面积达到目标要求。因此，本研究设定年总径流量控制率为70%，并且根据海绵城市规划，将未来措施实施区域的现有不透水面（0%透水率）和半透水面（50%透水率）改造成为透水面（70%透水率）。本研究假设措施实施区域的公共绿地覆盖率与外环外覆盖率一致，即70%的覆盖区域是透水性的。该区域现有不透水面和半透水面的总面积大约等于30 km^2，占措施实施区域面积的40%，因此有30 km^2 公共绿地覆盖率需要提高。措施实施区域透水性和面积占比见表5-8所列。

表5-8 措施实施区域透水性和面积占比

参数	不透水面	半透水面	透水面
SCS-CN值	98	86	80
透水率	0%	50%	70%
面积占比	55.8%	33.7%	10.5%

（二）公共绿地成本估算

对于公共绿地成本估算的研究相对较少，有学者对海绵城市等措施的价值进行估算，其中海绵城市LID措施的造价为428×10^6 ~ $1\ 025\times10^6$ 元/m^2。综合考虑海绵城市各种措施的成本，本研究选取600×10^6 元/m^2 作为公共绿地建造成本。

三、城市地下深隧成本

（一）深隧长度计算

根据苏州河地下深隧工程规划，深隧的管径为8 ~ 10 m，深隧断面的面积约为 63 m^2，其服务面积约为 57.9 km^2，建设长度约为 15.3 km。对于措施实施区域的地下深隧建造标准，参照苏州河地下深隧工程的规划标准。假设深隧工程位于措施实施区域的河道（如黄浦江及其支流）地下，则该区域的深隧管道的建设长度是深隧成本计算的关键。由于深隧工程由不同埋深、不同级别标准的地下管网组网构成，因此本研究对于苏州河深隧的库容不做精确计算，而是依据地下深隧对区域排涝标准的提升估算出深隧的库容，即通过其服务区域面积和管网建设长度的对应关系计算措施实施区域的深隧库容，从而实现对不同深隧管道长度的计算。深隧管道长度 L' 的计算公式如下：

$$\frac{P \times S}{L} = \frac{P' \times S'}{L'} \tag{5-4}$$

P 为面雨量，S 为地下深隧服务面积（57.92 km^2），L 为建设长度（15.3 km）。由于苏州河地下深隧的服务能力可以将 1 年一遇（25 mm）的排涝标准提高到 5 年一遇（60 mm），可知 P 为 35 mm（25～60 mm）。同理，已知措施实施区域面积 S' 为 70 km^2，面雨量设定为“9·13”暴雨过程的平均雨量（50 mm）提高到未来极端降雨的平均极大值（190 mm），P' 为 140 mm（50～190 mm）。通过公式计算，可知 L' 为 74 km。

根据《上海市海绵城市专项规划（2016—2035）》规定，市中心片区年径流总量控制率为 70%，调整幅度控制在 ±5% 以内。考虑到研究区域较大，故本研究设定年径流总量控制率为 70%。因此，核心区域空间年径流总量的 30%、50% 和 70% 将作为深隧的蓄水能力，分别对应深隧管道的长度为 22.2 km、37 km 和 51.8 km。

（二）深隧造价

由于上海市苏州河深隧造价未公布，因此本研究参考广州市地下深隧的建设标准造价 250 亿元。深隧的长度约为 100 km，单位长度下建造价格约为 2.5 亿元/km，但考虑到该价格时间较早，故将改造价取整，约 3 亿元/km。

四、成本效益评估

（一）成本效益评估模型

成本效益比例经常被用于公共投资分析领域，有不少研究在上海城市暴雨内涝领域成功应用了这一概念。Du 等人（2020）基于成本效益，评估了工程性措施如挡潮闸以及建筑类非工程性措施在适应气候变化下未来极端城市内涝事件的效果。Xie 等人（2017）利用 Mike Urban 水文模型和生命周期成本分析方法（life cycle cost analysis，LCCA），基于 9 种不同的暴雨重现期评估了包括地下管网及各种 LID 措施在内的上海市积水情景，并提供了详细的措施成本效益分析。

本研究采用成本效益比例来计算不同适应措施之间的成本效益，从而评估各种措施的经济可行性。首先需要对措施成本进行评估。在成本评估方面，引入生命周期成本分析方法，考虑不同措施的初始建造成本、年均使用和维护成本、设施服务期限接近时的残值以及设施的有效期限。成本数据来源于不同学者的参考资料，本研究针对不同来源进行了对照分析，最终确定了 3 种不同适应措施的成本参数。

尽管公共绿地的初始建造成本相较于排水管网的建设费用低，但成本效益的评估仍需要考虑年维护费用、折现率、残值等因素。因此生命周期成本分析方法结合成本效益比例可以揭示“绿”措施和“灰”措施之间的成本和效益，并评估其在应对未来极端暴雨内涝的使用前景。国际上普遍采用收益净现值（present value of benefit，PVB）和成本净现值（present value of cost，PVC）表征收益和成本，成本收益计算公式如下：

$$\frac{B}{C}=\frac{PVB}{PVC} \tag{5-5}$$

考虑到本研究的目标并非计算未来极端内涝产生的直接风险，且风险的绝对值较大不具备可比性，因此收益净现值（PVB）选取实施措施前后的内涝平均风险减少率而非内涝风险减少值。生命周期成本分析公式如下：

$$PVC_Y = IC_Y + \sum_{t=0}^{T} fr_t MO_t - fr_T SV_t \tag{5-6}$$

措施的成本计算包括初始成本（*IC*）、年度维护和运营成本（*MO*）和残值（*SV*）；fr_t 是特定年份 t 中折现率 r 的现值因子；fr_T 是设计寿命中 n 年末折现率 r 的现值因子。生命周期设计为 20～70 年，r 是折现率，投资期限是 T 年。考虑到经济增长率和利率，研究设定上海的折现率为5%。

（二）措施成本估算

表5-9列出了五个基本适应措施的生命周期成本估算，成本采用2013年现值。其中“灰色措施”包括Dr、Tun30、Tun50和Tun70，建造长度单位为km；“绿色措施”包括GA建造面积，单位为km^2。

表5-9　五种适应措施的生命周期成本估算

措施	建造长度或面积/(百万元/km，百万元/km^2)	长度或面积/(km，km^2)	运维费用	有效年限	总成本/百万元	残值/百万元	年均成本/百万元
Dr	100	117.6	2%	50	13 427	52	269
GA	600	30.0	2%	70[1]	17 988	36	257
Tun30	300	22.2	5%	50	14 070	29	281
Tun50	300	37.0	5%	50	23 451	49	469
Tun70	300	51.8	5%	50	32 831	68	657

注：考虑到公共绿地一般没有使用寿命期限，因此将期限设置为70年。Dr、Tun30、Tun50、Tun70建造成本的单位为百万元/km，GA建造成本的单位为百万元/km^2。Dr、Tun30、Tun50、Tun70建造长度的单位为km，GA建造面积的单位为km^2。

生命周期总成本显示，从低到高排序依次为Dr < Tun30 < GA < Tun50 < Tun70。其中，“灰色”措施中Dr的总成本最低，而Tun70总成本最高。

从年均成本来看，成本从低到高依次为GA < Dr < Tun30 < Tun50 < Tun70，“公共绿地建设”的低影响解决方案年均成本最低，“灰色”措施年均成本高。

在以上五个基本措施基础上，增加Dr + GA和Dr + GA + Tun30的两种组合，分别计算年均成本和总成本。为了评估措施组合的成本和性能表现，分别计算100个情景下的平均风险减少率（表5-6，平均值）。

图5-9结果显示，Dr、GA以及Tun30三种措施的年均成本（2.69~2.81亿元/年）和总成本（134~180亿元）接近，但平均风险减少率较低，均小于0.39，在面对极端内涝情景时性能无法令人满意。从风险减少率来看，Dr+GA组合措施的收益（ARRR=0.62）要大于独立措施的收益（0.25+0.26=0.51），表明该措施组合的收益优于独立措施。虽然Tun50和Tun70两种地下深隧方案的年均成本和总成本相对较高，仅次于Dr+GA与Dr+GA+Tun30两种组合方案，但平均风险减少率也相对较高。

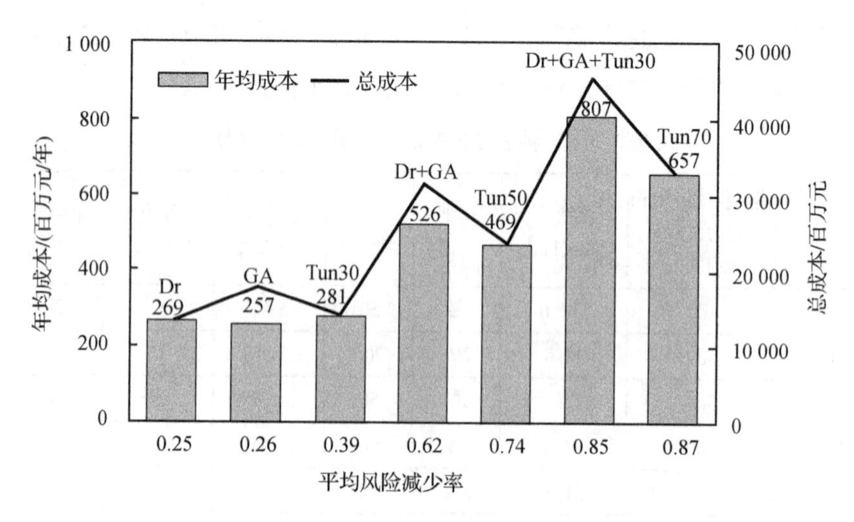

图5-9　各措施成本与平均风险减少率

（三）成本效益分析

措施的经济效益评估重点在于单位成本的平均风险减少率。如前文所述，PVB选取实施措施前后的内涝平均风险减少率。研究统计了不同适应措施及其组合在100种情景下的平均风险减少率（ARRR）。表5-10统计显示，平均风险减少率从低到高依次为：Dr < GA < Tun30 < Dr + GA < Tun50 < Dr + GA + Tun30 < Tun70。

年均花费成本从低到高依次为：GA < Dr < Tun30 < Tun50 < Dr + GA < Tun70 < Dr + GA + Tun30。经济效益比从低到高依次为：Dr < GA = Dr + GA + Tun30 < Dr + GA < Tun70 < Tun30 < Tun50。

经济效益是稳健性度量的评估因素，虽然Dr和GA的成本较低，考虑到其性能（平均风险减少率）有限，导致经济效益比也相对较低，显然地下深隧方案的成本效益更高，更具备投资价值，其中 Tun50 具有最高的经济效益比（表 5-10）。

表 5-10　各适应措施的经济效益比

措施组合	平均风险减少率/%	成本/（百万元/年）	经济效益比
Dr	25	269	0.09
GA	26	257	0.10
Tun30	39	281	0.14
Dr + GA	62	526	0.12
Tun50	74	469	0.16
Dr + GA + Tun30	85	807	0.10
Tun70	87	657	0.13

综上表明，地下管网建设、公共绿地建设以及地下深隧 30% 吸纳能力总费用和年均投入费用可控，成本上来看为短中期适合选择的方案，但经济效益比总体不高。地下深隧 50% 及 70% 吸纳能力总费用和年均成本费用较高，不适合初期投入，但经济效益比高，适合作为中长期方案逐步建设。

第四节　稳健决策权衡分析

成本与收益的权衡，是决策制定不可避免的参考依据。在此基础上，稳健决策还需要纳入其他稳健性度量指标进行综合评估。结合 RDM 思路，本节致力于回答何种措施在何种情景下会失效、如何权衡覆盖度和密度从而判断各措施的失效情景以及如何综合判断措施是否稳健等问题。这将帮助决策者洞察措施及措施组合的脆弱性和稳健性。

决策者需要考虑的是在各种措施组合的情景中是否存在不可接受的情景，以及从内涝风险而言是否存在不可接受的风险减少率，该比例即为脆弱情景的阈值。当某种措施或措施组合大于该阈值的情景数量越多时，该措施实施的满意度越高；反之后悔度越高。

一、脆弱性分析

由于未来社会经济发展和气候变化情景的不确定性，为了探究各种措施组合的失效情景，首先需要进行措施情景的脆弱性分析。同多数 RDM 研究类似，本节运用探索方法检视各措施组合在所有情景下的性能表现和失效情况。如前文所述，排水能力下降（γ）是关键影响因子，即未来由海平面上升、地面沉降以及极端风暴潮等因素导致的现有排水系统能力的降低是影响内涝淹没深度增加的关键因素。结合排水能力下降（γ）的变化趋势，探索不同措施组合在不同极端降雨情景下的风险减少率的变化情况。

图 5-10 显示在给定的 γ 水平下，各措施及其组合在所有未来极端降雨情景中的风险减少率以及降雨情景组合的平均淹没深度。可以发现：① 100种情景下的研究区平均淹没深度（图中灰色低通滤波线）随排水能力的降低呈线性增加趋势；② 任何给定的措施组合与风险降低率之间存在相似的强负相关性，表明各措施及组合的性能随着排水能力增加而降低；③ 当 $\gamma < 0.04$ 时，所有措施情景的风险减少率均大于 0.5，随着 γ 的不断增加，风险较少率逐渐降低；④ 各措施及其组合风险减少率的分布表现出较大的差异，如 Dr、GA、Dr + GA、Tun30 多分布在虚线（70% 的风险减少率）以下，Tun70 和 Dr + GA + Tun30 多分布在虚线以上。

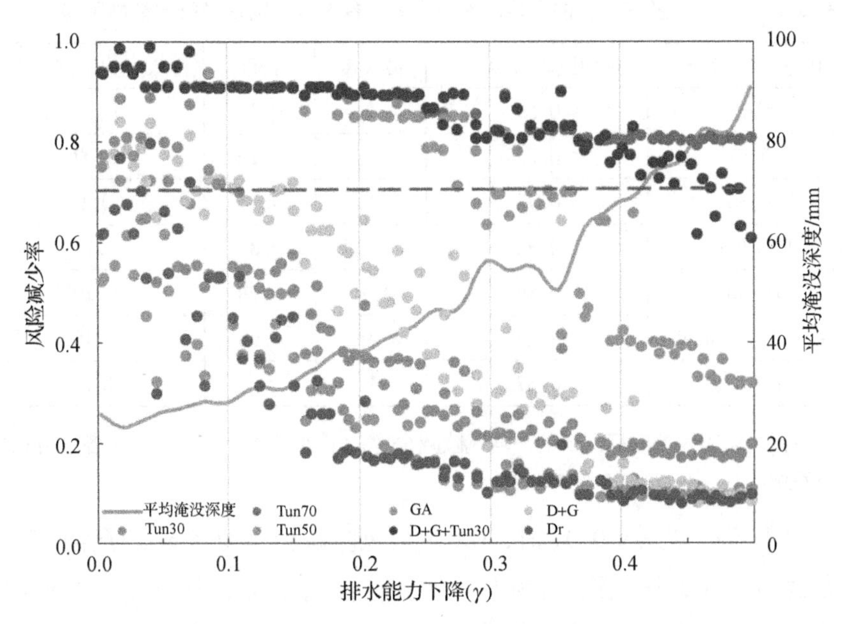

图 5-10 各措施及其组合的风险减少率、平均淹没深度与排水能力下降（γ）的相关性

在各措施及其组合脆弱情景分析基础上，还需要运用情景探索方法量化失效情景的合理性取值。本研究以70%风险减少率为控制标准，分别计算各措施及其组合的失效情景，即各措施及其组合失效情景对应的 γ 取值。基于PRIM进行各措施及其组合的失效情景探索。

PRIM在全局空间中不断迭代，往往涉及对覆盖度、密度和可解释性的权衡，得到局部最优或全局最优解。如子空间覆盖度的增加往往伴随着密度的降低，因此需要不断迭代优化得到最优的覆盖度和密度组合，从而得到全局范围内的最优子空间。本研究以覆盖度与密度之和最大为目标进行权衡分析，分别求得各措施及其组合的子空间最优解。此外，还需要保障失效情景具备高解释度，即解释变量越少越好。结合第三章情景探索分析结果可知排水能力下降（γ）是风险减少率的主要影响因子，因此研究选取 γ 作为唯一解释指标。因此，各措施及其组合的失效情景可通过计算风险减少控制标准范围内的子空间大小，即排水能力下降（γ）得出，计算结果如下（表5-11）。

表 5-11　各措施及其组合的平均风险减少率、覆盖度、密度及排水能力下降（γ）

措施及其组合	平均风险减少率[1]	覆盖度	密度	排水能力下降(γ)[2]
GA	0.59	1	0.22	0.04
Dr	0.62	1	0.20	0.07
Tun30	0.73	1	0.75	0.1
Dr + GA	0.74	0.9	0.82	0.11
Tun50	0.89	0.95	0.98	0.29
Dr + GA + Tun30	0.86	0.99	0.98	0.48
Tun70	0.87	1	1	0.5

注：[1] 为70%控制标准下的平均风险减少率；[2] 排水能力下降（γ）为各适应措施的临界点。

对于GA，当 $\gamma \leqslant 0.04$ 时，GA平均风险减少率为0.59。子空间包含全部成功情景2个，覆盖度为1；子空间共9个情景，其中有2个成功情景和7个失败情景，其密度为0.22。

对于Dr，当 $\gamma \leqslant 0.07$ 时，Dr平均风险减少率为0.62。子空间包含全部成功情景3个，覆盖度为1；子空间共15个情景，其中有3个成功情景和12个失败情景，密度为0.2。

对于Tun30，当 $\gamma \leqslant 0.1$ 时，Tun30平均风险减少率为0.73。子空间包含全部成功情景15个，覆盖度为1；子空间共20个情景，其中有15个成功情景和5个失败情景，密度为0.75。

对于Dr + GA的措施组合，当 $\gamma \leqslant 0.11$ 时，Dr + GA平均风险减少率为0.74。子空间包含18个成功情景，全局共20个成功情景，覆盖度为0.9；子空间共22个情景，其中有18个成功情景，4个失败情景，密度为0.82。

对于Tun50，当 $\gamma \leqslant 0.29$ 时，Tun50平均风险减少率为0.89。子空间包含58个成功情景，全局共61个成功情景，覆盖度为0.95；子空间共59个情景，其中有58个成功情景和1个失败情景，密度为0.98。

对于Dr + GA + Tun30的措施组合，当 $\gamma \leqslant 0.48$ 时，Dr + GA + Tun30平均风险减少率为0.86。子空间包含94个成功情景，全局共95个成功情景，覆盖度为0.99；子空间包含96个情景，其中有94个成功情景，2个失败情景，密度为0.98。

对于Tun70，当$\gamma \leqslant 0.5$时（全部情景），Tun70平均风险减少率为0.87。该子空间包含全部成功情景100个，覆盖度为1；子空间全部为成功情景，密度为1。

根据表5-11综合对比发现，Dr和GA两个措施在风险减少控制标准内的成功情景数量少，且范围内的平均风险减少率均低于0.7。这表明仅依靠排水能力增加或公共绿地面积增加在极端内涝情景下的表现并不令人满意，即不具备稳健性。风险减少控制标准内其他措施及其组合的排水能力下降范围区间为0.1～0.5，对应区间平均风险减少率为0.73～0.87。随着γ的逐渐增加，平均风险减少率总体也随之增加，各措施组合的成功情景密度也均体现出不同程度的增加。子空间内成功情景的占比越高，表明决策稳健度越高。即在极端内涝情景下，其他措施及其组合在不同的排水能力下降范围区间表现出逐渐增加的性能，但其稳健性差异较大。

二、稳健性度量

满意度和后悔度是RDM中稳健性度量的常用指标，也是决策者或利益相关者评价措施是否稳健的标准之一。风险控制指标常见于政策文件，如地方环保法案、城镇排水规划等，也可依据地方政府、相关决策者及行业专家提供相关参考意见。该指标选取关乎措施及其组合的评价，若阈值过高，脆弱性情景数量可能越多，措施后悔度较高的可能性越大；反之亦然。

综合考虑未来情景的极端性和各措施及其组合的风险减少率分布，本研究选取风险减少率70%为控制标准，即平均风险减少率减少70%以下的情景为脆弱性情景，脆弱性情景数量越多则该措施后悔度越大，脆弱性情景数量越少则该措施满意度越大。

图5-11展示了各措施及其组合在风险减少控制标准内（RRR＞70%）的性能表现，以及各措施及其组合在排水能力下降和成本的对比。左侧坐标轴为成功情景时各措施及其组合的平均风险减少率，随着横坐标不断右移γ逐渐增大，平均风险减少率也逐渐增加，表明在极端情景中，图右侧措施性能表现得满意度依然较高。右侧坐标轴为措施年均成本，随着横坐

标不断右移 γ 逐渐增大，措施年均成本也逐渐增大，论证了需要花费更多的资金来维持防灾减损能力。

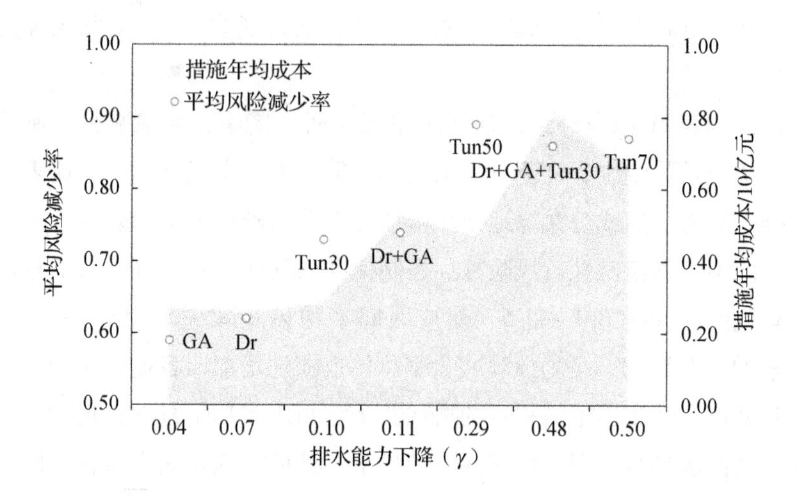

横坐标轴为控制目标内各措施组合的失效情景，对应的排水能力下降分别为 GA = 0.04，Dr = 0.07，Tun30 = 0.1，Dr + GA = 0.11，Tun50 = 0.29，Dr + GA + Tun30 = 0.48，Tun70 = 0.5

图 5-11　各措施组合的稳健性度量对比

综上所述，Dr + GA + Tun30 以及 Tun70 的脆弱性情景少，满意度高；Tun50 满意度中等；Dr + GA 满意度较低；而剩下的 3 种措施满意度低。在未来极端内涝情景中，稳健的措施组合是 Dr + GA + Tun30 和 Tun70；Tun50 较为稳健；Tun30 和 Dr + GA 稳健性一般；Dr 和 GA 不具备稳健性。因此在风险减少控制标准内，性能上接近图右上角的措施及其组合为最优选项，但其造价成本也相对较高。

第五节　适应对策方案临界点与适应对策路径分析

措施的成本与其收益（风险减少率）成正比，高满意度的措施往往意味着更高的成本投入和更长的建设周期，成本和收益的需要结合多种因素进行综合考量。如前文所述，诸如措施的成本、时间及社会资本等资源是有限的，而稳健性相对于时间是动态变化的，这引出了稳健决策的关键问题：随着时间的推移，面对风险减少率、措施成本和经济效益比等因素时，如何避免失效情景的发生？如何在各种措施及其组合中制定稳健（高满意度）的决策方案？决策者是否应该维持现有的适应措施规划，还是应该考虑适应性的适应措施计划及路径？如果需要考虑路径，应该如何制定路径？

一、临界点分析

为了制定稳健的适应对策路径，首先需要探究各种措施及其组合的有效期限，进行临界点分析。针对临界点分析，DAPP 通常使用稳健性度量判断措施的失效情景，而该方法并没有拘泥于某种特定的分析方式判断临界点。学者们开展了基于专家分析、定性或定量等多种灵活的方法进行临界点分析。RDM 是基于满意度和后悔度的稳健性度量，可以为临界点分析提供可靠方法思路。

设定 70% 的风险减少控制目标为符合要求的满意度，其他措施组合在不同的排水能力下降范围区间的性能（平均风险减少率），是其稳健性的表现。由表 5-11 可知，随着 γ 增大，部分措施组合的性能逐渐下降，直至不满足风险控制目标。当措施组合出现失效情景时则为该措施的临界点。因此，各措施组合风险减少控制目标对应 γ 值即为其措施临界点。

图 5-12 以 Dr + GA + Tun30 为例，展示了措施组合临界点分析思路。首先 Dr 的平均风险减少率为 0.62，随着 γ 增大，Dr 在 $\gamma = 0.05$ 处完全失效，如不增加措施干预则平均风险减少率会进一步下降。在 Dr 完全失效

前，增加措施 GA，可以将平均风险减少率提高至 0.73，此后随着 γ 增大，Dr + GA 在 $\gamma = 0.15$ 处完全失效，如不增加措施干预，其平均风险减少率会进一步下降。在 Dr + GA 完全失效前，增加 Tun30，可以将平均风险减少率提高至 0.86，此后随着 γ 增大，Dr + GA + Tun30 在 $\gamma = 0.49$ 处完全失效。为保障措施组合的动态稳健性，决策者可以在 Dr + GA + Tun30 完全失效前，进一步建设地下深隧工程，在核心区域扩大地下深隧工程的服务覆盖区域范围以及雨水吸纳能力，即将 Tun30 向 Tun50 乃至 Tun70 转换，保障措施组合未来中长期持续稳健。

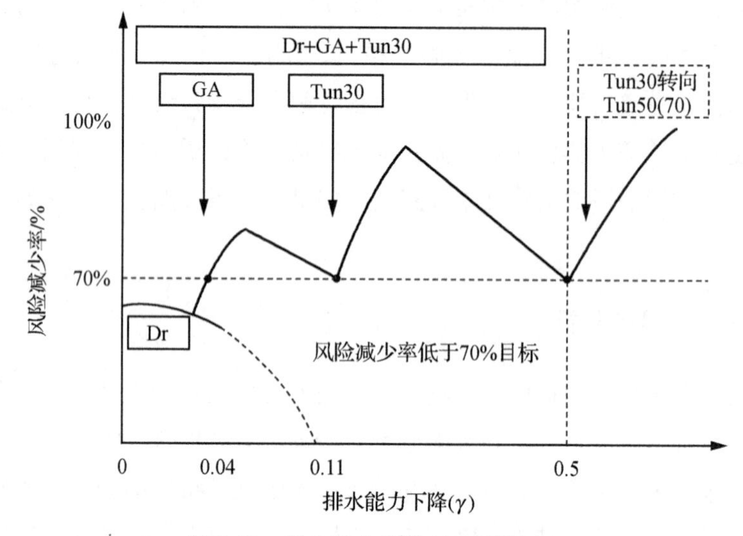

图 5-12　措施组合临界点示例分析

大部分适应对策路径研究都以海平面上升为动态适应的驱动因素，尽管不同排放情景和假设情景中，海平面上升速率不尽相同，但总体趋势表现为随着时间的推移海平面不断增高。由于海平面的上升与时间呈正相关，因此对海平面上升高度的监测便成了 DAPP 判断是否接近临界点的通用依据。这一思路在许多研究中得到应用，学者们也指出 DAPP 的主要目的不是提供精确的实施方案时间，而是强调保障未来多种适应路径的开放性，以避免决策不可逆转和风险增加。

与传统 DAPP 聚焦于海岸洪水不同，本研究聚焦于城市未来极端内涝，间接受海平面上升的影响。由于排水能力的下降无法被直接监测，但其建立在相对海平面上升（未来海平面升高叠加城市地面沉降）的基础之上。假设排水能力的下降与时间呈正相关，尽管排水能力的下降存在波动性，但未来排水能力的下降会通过时间推移而增加。

二、适应对策路径

RDM 回答了决策者采用的措施及其组合在何种情景下会出现失效，即脆弱性情景及各措施的稳健性如何。DAPP 可以帮助决策者选择适宜的措施组合，据此制定适应对策路径方案，同时为决策路径提供了参考框架，也同样未限定路径的生成方式。

本节结合成本效益分析、脆弱性情景、临界点分析以及稳健性度量，综合研判适应对策路径。措施失效时间依据相关性因子，设定排水能力下降（γ）与时间成正比，即每年减少 0.01，50 年共计减少 0.5。考虑到 2035 年规划措施的实施时间，因此坐标轴设定为 2020 年至 2070 年。尽管这一时间设定不具备绝对的可参考性，但相对的时间可以为决策制定提供更多的方便，且时间维度对于本研究的路径方案的权衡影响甚微。措施选取前文分析的措施及其组合，根据路径的可行性，分别制定潜在的路径方案，结果如下所示（图 5-13）。

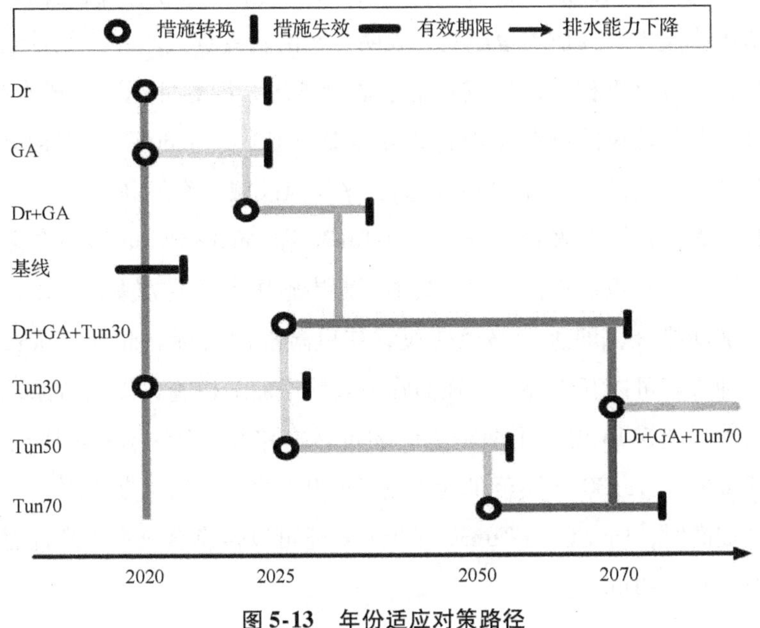

图 5-13　年份适应对策路径

在整个过程中，决策者可以有多种不同的选择方案：① 以某一个措施为起始点，在措施失效前换乘到另一个措施组合。例如，Dr、GA 或 Tun30 和 Tun50 为起点，随着时间的推移，在临界点之前换乘到其他措施组合，如 Dr 和 GA 换乘到 Dr + GA，Tun30 换乘到 Tun50 等。② 以一个措施组合为起点，在其失效前换乘到另一个措施组合。例如，以 Dr + GA 措施组合为起点，随着时间的推移，在临界点之前换乘到 Dr + GA + Tun30。③ 以一个措施为起点，始终保持该措施不变。例如，以 Tun70 为起点，维持该措施不变。

选择不同路径方案所产生的成本、经济效益及其失效时间均不同，其产生的影响会对后续的过渡方案产生影响，决策者往往面临着方案的权衡和取舍。表 5-12 展示了两种路径方案的详细参数，包括临界点、平均风险减少率、成本和经济效益比。

表 5-12　两种路径方案对比

路径	临界点(γ)	平均风险减少率	总成本/亿元	经济效益比
Dr + GA + Tun30	0.48	0.86	454.85	1.05
Tun70	0.5	0.87	328.31	1.32

由总成本和临界点分析可知，GA 至 Tun70 的临界点依次增高，平均风险减少率越大，其成本也越高，表明方案的临界点大小、稳健性与成本三者总体而言呈正相关，即成功情景数量越多，稳健性越高，成本越高。从总成本和平均风险减少率而言，方案 Dr + GA + Tun30 的成本最高，平均风险减少率次高；Tun70 成本次高，平均风险减少率最高。

从方案的连续性来看，Dr + GA + Tun30 和 Tun30 到 Tun70 两条路径提供较为适宜的中短期路径方案，其中短期措施作为过渡方案，可以在其失效前增加新措施，即进行路径转换维持风险控制目标。此外，从长期来看，两种方案可以互为补充，在面临失效前增加新措施，以维持系统长期的稳健性。图 5-13 展示了两个稳健的可转换路径，Dr + GA 转换至 Dr + GA + Tun30 和 Tun30 转换至 Tun50 或 Tun70。此外，从长期来看，当海平面上升较高时，Dr + GA + Tun30 和 Tun70 还可以转换至成本更高且更为稳健的 Dr + GA + Tun70。

综上所述，Dr + GA + Tun30 具有较高的稳健性和临界点，同时具备较好的方案连续性，过往研究也同样证实这些措施行之有效且具备高经济效益比。同样，Tun70 具有最高的稳健性和最大的临界点。考虑到上海市已发布的政策规划中 Dr 和 GA 两种方案已经逐步实施，且“绿色措施”和“灰色措施”结合的方法符合城市可持续发展方向，并且得到国内外的广泛应用。因此，Dr + GA + Tun30 方案更具备现实的可操作性，为最优路径方案。

第六节　适应对策评估与路径制定的小结

本章内容首先结合上海市城镇雨水排水规划，选取排水管网建设、公共绿地面积增加、地下深隧建设作为适应措施，形成从表层-浅层-深层的立体综合排水措施方案。然后在模型中建立各适应措施的参数化定量表达，并重新在模型中模拟了基于措施的情景，引入了风险减少率（RRR）指标，以评估在未来极端降雨情景下措施及其组合的性能及表现情况。结合国内外研究和相关资料，利用成本生命周期模型计算了各措施及其组合的总成本和年均成本，结合措施情景的减灾性能进行了成本效益评估。其次，为了解决如何判断措施在何种情景下失效，以及各措施及其组合的稳健性两个关键决策问题，进行 RDM 脆弱性情景和稳健性度量分析。在 100 种未来措施情景下，探索了排水能力下降与措施及其组合的风险减少率、平均淹没深度的关联。以排水能力下降为解释性指标，利用 PRIM 分别计算各措施及其组合的子空间，权衡子空间的覆盖度和密度，分别得到各措施及其组合的失效情景。

生命周期成本分析结果显示，Dr、GA 以及 Tun30 的总费用和年均投入费用可控，成本上来看为短期适合选择的方案。Tun50 和 Tun70 的总费用和年均成本费用较高，不适合初期投入，可作为中长期方案逐步完善。结合减灾性能，Tun50 在所有措施及其组合中具有最高的经济效益比。

未来措施及措施组合情景结果表明各措施及其组合对城市防灾除涝发

挥着不同程度的减灾性能。相较于现有防汛标准，单一措施如 Dr 对减少积涝深度功效有限，最大淹没深度减幅为 88 ~ 354 mm、平均淹没深度减幅为 7 ~ 19 mm。与 Dr 相似，GA 的减灾效应同样不显著。地下深隧（Tun30、Tun 50、Tun70）有着不同程度的性能提升，可极大地缓解温和情景及中等情景的内涝情况（如 Tun50 在情景 53 和情景 3 的风险减少率可达 99% 和 85%，见表 5-7）。在最极端情景下，也可将内涝的不利影响减少至可接受水平（如 Tun70 在情景 11 平均淹没深度最多减少 95%）。总体而言，在温和情景中，各措施及其组合均有较好的表现情况；在中等情景中，各措施及其组合表现情况各异；而在极端情景中，仅 Dr + GA + Tun30 和 Tun70 表现情况较好，可以有效缓解城市内涝。

基于病人归纳法则在控制标准（风险减少率 > 70%）范围内进行情景探索，结果显示 Dr + GA + Tun30 以及 Tun70 的失效情景分别为 $\gamma = 0.48$ 和 $\gamma = 0.5$，满意度高；Tun50 失效情景为 $\gamma = 0.29$，满意度中等；其他措施的失效情景 γ 均不超过 0.11，满意度低。在未来极端内涝情景中，稳健措施及其组合是 Dr + GA + Tun30 和 Tun70；Tun50 较为稳健；Tun30 和 Dr + GA 稳健性一般；Dr 和 GA 不具备稳健性。

本研究探索了一系列适应措施及其组合在不确定情景下的动态性能变化。将短期目标与长期目标结合，制定短期低成本投入、中期和长期可转换的动态措施组合，允许向未来更稳健的措施进行过渡而无须推翻以前的措施路径。综合路径方案的稳健性、连续性及成本效益等因素，发现 Dr + GA + Tun30 和 Tun30 至 Tun70 两条路径提供较为适宜的中短期路径方案。长期来看，两种路径方案可以互为补充，在面临失效前增加新措施，以维持系统长期的稳健性。研究结果表明，Dr + GA + Tun30 具有较高的稳健性和连续性，该路径兼顾了减灾性能与经济可行性，符合城市可持续发展理念。同时“绿色措施”具有较强的雨水滞留和本地吸纳能力，也有利于改善城市热环境，符合海绵城市的建设思路。因此，Dr + GA + Tun30 为最优动态适应路径方案。

第六章

研究的主要结论、创新点及展望

第一节　研究的主要结论

为了应对气候变化及社会经济的深度不确定性，国际上众多学者开发了多种方法、工具和技术，它们存在大量的相似性和重叠性。本研究追踪了国际上主要的 DMDU 深度不确定性背景下的稳健决策方法的进展与思路，从政策结构、情景生成、对策生成、稳健性度量以及脆弱性分析五个维度进行梳理分析，形成了深度不确定性思路框架。选取国际上内涝风险领域应用最广泛的 RDM、DAPP 和 IGDT 三种稳健决策方法进行细致剖析，通过对其主要技术工具以及实践案例的分析，制定了基于 RDM 和 DAPP 的研究思路和技术路线，并以上海市为例进行稳健决策研究，主要结论如下。

1. 未来情景模拟结果显示上海市中心城区面临严峻的内涝风险。暴雨内涝淹没范围大部分集中在黄浦江沿岸的外滩、杨浦、静安、徐汇、浦东的核心商业和居民住宅区域，这些区域也是人口和商业资产密集的重点敏感区域。未来极端情景受灾面积广，淹没深度最大可达 1 415 mm，比“9・13”暴雨实况的最大淹没深度（670 mm）多 745 mm，淹没面积增加了 62%。而未来温和情景受灾面积较少，平均淹没深度浅。未来各情景

90分位的平均淹没深度结果显示，即使是温和情景，市中心严重受灾区域仍会有较深的积水（1 m以上），即未来市中心脆弱性较高的区域始终处于积水影响之下，存在较大的内涝风险。

2. 未来雨量增加和城市雨岛效应对上海市中心城区内涝贡献度相对较小，主要影响因子仍然是地下管网排水能力（γ）不同程度的下降。相关性分析表明，γ降低与平均淹没深度有较好的线性相关性，可以解释98.5%平均淹没深度大于0.15 m的情景，对应的取值区间在0.162～0.5。这表明城市暴雨内涝灾害产生的原因主要在于城市排水管网排水能力下降后导致的雨水无法下泄并逐渐形成的路面积涝。结合未来气候情景的预估可以推测，随着海平面的不断上升，极端暴雨叠加天文大潮及风暴潮“三碰头”“四碰头”事件引发黄浦江下游高水位的顶托效应，将进一步加剧排水能力下降的可能性，导致内涝灾情不断加剧。

3. 本研究搭建了综合风险评估SUIM模型，耦合了包括模型模拟、风险评估和措施评估等多个模块，解决了多情景批量模拟的问题。基于致灾因子、暴露和脆弱性“三要素”构建了内涝风险评估模型，评估在未来情景下基线防汛标准的内涝风险。研究选取代表温和、中等和极端情景的三个实验情景进行分析，表明风险集中在市中心商业、居民住宅密集区域，灾害风险的分布与内涝淹没结果表现出空间一致性。从各情景风险区域面积来看，温和情景受灾区域小且风险低，中等和极端情景的受灾区域和风险均依次显著增加。

4. 未来措施及措施组合的情景分析结果表明，各措施及其组合对城市防灾除涝发挥着不同程度的减灾性能。相较于现有防汛标准，单一措施如Dr（排水管网增强）对减少积涝深度功效有限，最大淹没深度减幅为88～354 mm，平均淹没深度减幅为7～19 mm。与Dr相似，GA（公共绿地增加）的减灾效应同样不显著。地下深隧（Tun30、Tun50、Tun70分别表示地下深隧吸纳30%、50%和70%径流能力）有着不同程度的性能提升，可极大地缓解温和情景及中等情景的内涝情况（如Tun50在情景53和情景3的风险减少率可达99%和85%）。在最极端情景下，也可将内涝的不利影响减少至可接受水平（如Tun70在情景11的平均淹没深度最多减少95%）。总体而言，在温和情景中，各措施及其组合均有较好的表现；在中等情景中，各措施及其组合表现各异；而在极端情景中，仅 Dr + GA + Tun30（排水管网增强 + 公共绿地增加 + 地下深隧吸纳 30% 径流能力）和 Tun70 表现较好，可以有效缓解城市内涝。

5. 生命周期成本分析结果显示，Dr、GA 以及 Tun30 的总费用和年均投入费用可控，成本上来看为短期适合选择的方案。Tun50 和 Tun70 的总费用和年均成本费用较高，不适合初期投入，可作为中长期方案逐步完善。结合减灾性能，Tun50 在所有措施及其组合中具有最高的经济效益比。

6. 基于病人归纳法则在控制标准（风险减少率 >70%）范围内进行情景探索，结果显示 D + G + Tun30 以及 Tun70 的失效情景分别为 $\gamma=0.48$ 和 $\gamma=0.5$，满意度高；Tun50 失效情景为 $\gamma=0.29$，满意度中等；其他措施的失效情景 γ 均不超过 0.11，满意度低。在未来极端内涝情景中，稳健的措施及其组合是 Dr + GA + Tun30 和 Tun70；Tun50 较为稳健；Tun30 和 Dr + GA（排水管网增强 + 公共绿地增加）稳健性一般；Dr 和 GA 不具备稳健性。

7. 本研究探索了一系列适应措施及其组合在不确定情景下的动态性能变化。将短期目标与长期目标结合，制定短期低成本投入、中期和长期可转换的动态措施组合，允许向未来更稳健的措施进行过渡而无须推翻以前的措施路径。研究结果表明，Dr + GA + Tun30 具有较高的稳健性和连续性，该路径兼顾了减灾性能与经济可行性，符合城市可持续发展理念。同时“绿色措施”具有较强的雨水滞留和本地吸纳能力，也有利于改善城市热环境，符合海绵城市的建设思路。因此，Dr + GA + Tun30 为最优动态适应路径方案。

第二节 研究的主要创新点

本研究基于 DMDU，融合 RDM 与 DAPP 两种最为广泛应用的方法，开展上海市未来极端内涝灾害风险防控与适应研究，模拟了未来极端内涝情景和现有措施的风险，以评估适应对策的性能、成本效益和脆弱性情景几个不同视角分析了措施组合的稳健性，制定了 DAPP，主要创新点如下。

1. 系统梳理了 DMDU 的研究思路及各理论方法的异同，对比了 RDM、IGDT 以及 DAPP 三种方法的优势和不同，形成了研究的理论框架基础。从脆弱性探索角度融合 RDM 和 DAPP 两种理论，解决了过往 RDM 无法提供动态可转换措施路径以及措施指导性不明确的弊端，深化了稳健决策的理论与应用。

2. 稳健决策方法在城市区域尺度研究中鲜有应用。本研究结合气候预测和历史雨量趋势分析结果，设计了影响未来极端暴雨情景的不确定性因子。以上海市中心城区为例，量化了极端雨量增加和城市雨岛效应的变率区间，从而实现多种不确定性因子的情景组合，避免了直接对未来气候情景不确定性因子的概率预估。措施方面考虑了上海市地方排水规划方案，并通过与行业专家和决策者的对话，明确了在高风险的中心城区形成以“灰色＋绿色”“基础措施与动态措施结合”为特点的整体措施结构。

3. 国内在适应气候变化内涝灾害风险管理领域主要依赖传统“先预测后行动”的思路，针对深度不确定性背景下内涝风险稳健决策的一系列问题无法提供解决方案。本研究重点研究并回答了在未来深度不确定的情景下何种影响因子是制约措施性能的关键因素，如何衡量各措施的成本收益，措施组合在何种情景下将会失效，如何综合考虑措施组合的性能、成本及稳健性，以及如何制定可转换的路径方案等重要问题。研究在很大程度上填补了国内稳健决策领域的研究空白。研究以我国特大沿海城市上海市为例开展实例研究，也可为国内其他沿海城市的风险及稳健决策研究提供参考。

第三节 研究的展望

随着海平面不断上升和气候变化的影响不断加剧，以及我国沿海特大城市经济人口的不断聚集，在未来极端内涝灾害风险的防控与适应上已经形成广泛的共识。国内越来越多基于稳健决策思路的相关研究已经开展，而本研究结合已有研究成果和不足，提出未来可以在以下几个方面进一步开展研究工作。

1. 本研究在探讨未来深度不确定性情景时主要考虑气候变化相关因子，然而由于影响未来深度不确定性的因子特别广泛，不仅包含自然环境影响，还涉及社会经济因素，如城市土地利用变化、人口增加等，这些不确定因素之间互相交织，带来更广泛的不确定性，其复杂性仍未得到清晰的认识。深度不确定性对城市复杂系统的影响机制有待未来进一步探讨。未来的研究可以考虑将社会经济因子纳入不确定性框架，构建未来社会经济不确定性情景。此外，对于未来降雨预估，可以更多地考虑全球气候模式和区域气候模式，利用区域气候模式进行降尺度处理，获取高分辨率数据，以精细刻画未来极端降雨的时空概率分布。

2. 本研究聚焦未来极端暴雨内涝对城市的影响，对于沿海特大城市而言，由海平面上升、天文大潮叠加风暴潮引起的极端复合内涝灾害事件对城市安全造成的影响更具挑战，未来可以针对极端复合内涝灾害进行稳健决策研究。

3. 本研究对于灾害损失的评估主要聚焦在直接经济损失，而特大城市内涝灾害引发的灾害涟漪效应也是不可忽视的潜在风险。未来的研究可将城市内涝灾害引起的城市系统性间接损失、产业损失等纳入风险评估体系，使得风险预估更为客观全面。

4. 未来稳健决策方法可不必受限于计算资源的限制，下一步工作可继续拓展稳健决策思路，如利用遗传算法进一步探索多目标决策的稳健思路方法，也可以使用决策树、神经网络等基于机器学习算法的稳健决策研究，以解决复杂系统决策中的问题。在此基础上，仍需要不断吸收和完善科学方法论，并充分利用计算机强大的计算能力和先进的数据挖掘能力。

参考文献

[1] IPCC. Climate change 2021: the physical science basis, the working group I contribution to the sixth assessment report. Intergovernmental panel on climate change [R/OL]. https://www.ipcc.ch/report/ar6/wg1/.

[2] WANG J, YI S, LI M Y, et al. Effects of sea level rise, land subsidence, bathymetric change and typhoon tracks on storm flooding in the coastal areas of Shanghai [J]. Science of Total Environment, 2018, 621: 228-234.

[3] 王璐阳, 张敏, 温家洪, 等. 上海复合极端风暴洪水淹没模拟 [J]. 水科学进展, 2019, 30 (4): 546-555.

[4] 贺芳芳, 胡恒智, 董广涛, 等. 上海中心城区复合洪涝淹没模拟及未来重现预估 [J]. 灾害学, 2020, 35 (4): 93-98.

[5] LOWE R, URICH C, DOMINGO N, et al. Assessment of urban pluvial flood risk and efficiency of adaptation options through simulations-A new generation of urban planning tools [J]. Journal of Hydrology, 2017, 355-367.

[6] 程晓陶, 吴浩云. 洪水风险情景分析方法与实践: 以太湖流域为例 [M]. 北京: 中国水利水电出版社, 2019.

[7] KASPRZYK J, NATARAJ S, REED P, et al. Many objective robust decision making for complex environmental systems undergoing change [J]. Environmental Modelling & Software, 2013, 42: 55-71.

[8] KWAKKEL J H, WALKER W E, MARCHAU V A W J. Adaptive airport strategic planning [J]. European Journal of Transport and Infrastructure

Research, 2010, 10 (3): 249.

[9] HAASNOOT M, MIDDELKOOP H, OFFERMANS A, et al. Exploring pathways for sustainable water management in river deltas in a changing environment [J]. Climatic Change, 2012, 115: 795 - 819.

[10] HAASNOOT M, KWAKKEL J H, WALKER W E, et al. Dynamic adaptive policy pathways: a method for crafting robust decisions for a deeply uncertain world [J]. Global Environmental Change, 2013, 23 (2): 485 - 498.

[11] STARR M. Product design and decision theory [M]. Englewood Cliffs, NJ: Prentice - Hall, 1963.

[12] SAVAGE L. The foundations of statistics [M]. New York: Wiley, 1954.

[13] HERMAN J D, REED P M, ZEFF H B, et al. How should robustness be defined for water systems planning under change [J]. Journal of Water Resources Planning and Management, 2015, 141.

[14] HERMAN J D, ZEFF H B, REED P M, et al. Beyond optimality: multistakeholder robustness tradeoffs for regional water portfolio planning under deep uncertainty [J]. Water Resources Research, 2014, 50: 7692 - 7713.

[15] BEN-HAIMY. Information-gap decision theory: decision under severe uncertainty [M]. London, UK: Academic Press, 2006.

[16] MATROSOV E, WOODS A, HAROU J. Robust decision making and info-gap decision theory for water resource system planning [J]. Journal of Hydrology, 2013, 494: 43 - 58.

[17] HALL J, LEMPERT R, KELLER K, et al. Robust climate policies under uncertainty: a comparison of robust decision making and info - gap methods [J]. Risk Analysis, 2012, 32: 1657 - 1672.

[18] CHEN H P, SUN J Q, LI H X. Future changes in precipitation extremes over China using the NEX - GDDP high - resolution daily downscaled dataset [J]. Atmospheric and Oceanic Science Letters, 2017, 10 (6), 403 - 410.

[19] 吴蔚，梁卓然，刘校辰. CDF - T 方法在站点尺度日降水预估中

的应用［J］．高原气象，2018，37（3）：796－805.

［20］LIANG P，DING Y，HE J．Study of relationship between urbanization speed and change of spatial distribution of rainfall over Shanghai［J］．Journal of Tropical Meteorology，2013，27（4）：475－483.

［21］PAN X Z，ZHAO Q G，CHEN J，et al．Analyzing the variation of building density using high spatial resolution satellite images：the example of Shanghai city［J］．Sensors，2008，8（4）：2541－2550.

［22］汉京超．应用 InfoWorks ICM 软件优化排水系统提标方案［J］．中国给水排水，2014，30（11）：34－38.

［23］DU S Q，SCUSSOLINI P，WARD P J，et al．Hard or soft flood adaptation? Advantages of a hybrid strategy for Shanghai［J］．Global Environment Change，2020，61：102037.

［24］XIE J，CHEN H，LIAO Z，et al．An integrated assessment of urban flooding mitigation strategies for robust decision making［J］．Environmental Modelling & Software，2017，95：143－155.

［25］BANKES S C，WALKER W E，KWAKKEL J H．Exploratory modeling and analysis，in：Gass，S．，Fu，M．C．（Eds．），Encyclopedia of operations research and management Science［M］．3rd ed．Berlin：Springer，2013.

［26］BRYANT B，LEMPERT R．Thinking inside the box：a participatory computer-assisted approach to scenario discovery［J］．Technological Forecasting and Social Change，2010，77：34－49.

［27］BUURMAN J，BABOVIC V．Adaptation pathways and real options analysis-an approach to deep uncertainty in climate change adaptation policies［J］．Policy and Society，2016，35：137－150.

［28］GIULIANI M，CASTELLETTI A．Is robustness really robust? How different definitions of robustness impact decision-making under climate change［J］．Climatic Change，2016，135：409－424.

［29］HAMARAT C，KWAKKEL J H，PRUYT E．Adaptive robust design under deep uncertainty［J］．Technological Forecasting and Social Change，

2013, 80: 408 -418.

[30] HAMARAT C, KWAKKEL J H, PRUYT E, et al. An exploratory approach for adaptive policymaking by using multi - objective robust optimization [J]. Simulation Modelling Practice and Theory, 2014, 46: 25 -39.

[31] HU H, TIAN Z, SUN L, et al. Synthesized trade-off analysis of flood control solutions under future deep uncertainty: An application to the central business district of Shanghai [J]. Water Research, 2019: 166.

[32] KIM M, NICHOLLS R, PRESTON J, et al. An assessment of the optimum timing of coastal flood adaptation given sea-level rise using real options analysis [J]. Journal of Flood Risk Management, 2018, 12: e12494.

[33] KWAKKEL J H, HAASNOOT M, WALKER W E. Developing dynamic adaptive policy pathways: a computer-assisted approach for developing adaptive strategies for a deeply uncertain world [J]. Climatic Change, 2015, 132: 373 -386.

[34] KWAKKEL J H, HAASNOOT M, WALKER W E. Comparing robust decision-Making and dynamic adaptive policy pathways for model-based decision support under deep uncertainty [J]. Environmental Modelling & Software, 2016, 86: 168 -183.

[35] LEMPERT R, GROVES D. Identifying and evaluating robust adaptive policy responses to climate change for water management agencies in the American west [J]. Technological Forecasting and Social Change, 2010, 77: 960 -974.

[36] MCPHAIL C, MAIER H R, KWAKKEL J H, et al. Robustness metrics: how are they calculated, when should they be used and why do they give different results? [J]. Earth's Future, 2018, 6: 169 -191.

[37] LEMPERT R, POPPER S, GROVES D, et al. Making good decisions without predictions robust decision making for planning under deep uncertainty [J]. RAND Corporation Research Briefs. 2013, RB -9701: 6.

[38] TARIQ A, LEMPERT R J, RIVERSON J, et al. A climate stress test of Los Angeles' water quality plans [J]. Climatic Change, 2017, 144: 625 -639.

[39] WALER W E, MARCHAU V A W J, SWANSON D A. Addressing deep uncertainty using adaptive policies: introduction to section 2 [J]. Technological Forecasting and Social Change, 2010, 77 (6): 917 -923.

[40] 胡恒智, 顾婷婷, 田展. 气候变化背景下的洪涝风险稳健决策方法评述 [J]. 气候变化研究进展, 2018, 14 (1): 77 - 85.

[41] 上海市水务局. 上海市地方标准: 暴雨强度公式与设计雨型标准: DB31/T 1043 -2017 [S]. 上海: 上海市质量技术监督局, 2017.

[42] 上海市气候变化研究中心. 上海市气候变化监测公报 [M]. 北京: 气象出版社, 2017.

附录

PRIM 模型代码如下：

```
import pandas as pd
import numpy as np
import prim
import matplotlib.pyplot as plt

filename1 = r"D:\RDM\prim\uncertainties.xlsx"
filename2 = r"D:\RDM\prim\outputs.xlsx"

data = pd.read_excel(filename1)
data2 = pd.read_excel(filename2)

p = prim.Prim(data, data2['avg'].values,
              threshold = 150,
              threshold_type = ">")
box = p.find_box()
box.show_tradeoff()
plt.show()
```